Design and Application of
Robotic Systems

机器人系统
设计及应用

郭彤颖　安冬　主编

化学工业出版社

·北京·

本书系统地介绍了机器人学的基础知识和工作原理，以及设计与应用实例。全书共分8章。主要内容有机器人的定义与分类、基本组成，机器人的技术参数、移动机构和传动机构，机器人的运动学和动力学，机器人的轨迹规划，焊接、喷漆、装配、洁净与真空机器人、移动式搬运机器人等工业机器人的设计与应用，点焊、弧焊机器人工作站的设计与应用，最后介绍了具有实时显示速度、自动寻迹、避障以及可遥控行驶等功能的智能车的硬件及软件设计实例。

本书可作为科研工作者和工程技术人员的参考书，也可以作为控制科学与工程、计算机科学与技术等学科研究生或高年级本科生的教材。

图书在版编目（CIP）数据

机器人系统设计及应用/郭彤颖，安冬主编 . —北京：
化学工业出版社，2015.12（2023.7 重印）
ISBN 978-7-122-25427-6

Ⅰ.①机…　Ⅱ.①郭…②安…　Ⅲ.①机器人-系统设计②机器人-应用　Ⅳ.①TP242

中国版本图书馆 CIP 数据核字（2015）第 249176 号

责任编辑：韩亚南　　　　　　　　文字编辑：陈　喆
责任校对：宋　玮　　　　　　　　装帧设计：王晓宇

出版发行：化学工业出版社（北京市东城区青年湖南街 13 号　邮政编码 100011）
印　　　装：北京虎彩文化传播有限公司
787mm×1092mm　1/16　印张 9¾　字数 240 千字　2023 年 7 月北京第 1 版第 9 次印刷

购书咨询：010-64518888　　　　　　　售后服务：010-64518899
网　　　址：http://www.cip.com.cn
凡购买本书，如有缺损质量问题，本社销售中心负责调换。

定　　价：39.00 元

前 言

随着科学技术的发展和社会的进步，机器人已经走进我们的生活、影响着我们的生活。机器人不仅广泛应用于工业生产和制造业领域，而且在航天、海洋探测、危险或恶劣环境，以及日常生活和教育娱乐等领域中获得了大量应用。各种各样的机器人不但已经成为现代高科技的应用载体，而且自身也迅速发展成为一个相对独立的研究与交叉技术，形成了特有的理论研究和学术发展方向。

机器人学涉及机械工程学、电子学、控制科学、计算机科学等众多学科，是一门重要的综合性前沿学科。本书旨在为机械、电子、计算机、控制工程师和工程技术专家，以及研究生或高年级本科生提供必备的知识。在内容编排方面，注重理论与工程实际的结合、基础知识与现代技术的结合、系统设计与应用的结合。希望大家通过阅读和学习这本书，感受到从事机器人相关研究的乐趣。

本书共分8章，第1章主要讲解机器人的基础知识，包括机器人的定义与分类、机器人系统的基本组成、机器人系统的设计方法和机器人应用；第2章主要介绍机器人的技术参数、机器人的移动机构和传动机构；第3章讲解机器人的运动学；第4章介绍机器人的动力学；第5章介绍机器人轨迹规划的相关知识；第6章列举了焊接机器人、喷漆机器人、装配机器人、洁净机器人与真空机器人、移动式搬运机器人的设计与应用实例；第7章讲解机器人工作站的一般设计原则，并介绍点焊和弧焊机器人工作站的设计与应用实例；第8章以设计具有实时显示速度、自动寻迹、避障以及可遥控行驶等功能的智能车为实例，阐述了其硬件及软件设计。

本书第1、2章由郭彤颖、李征宇编写，第3、4章由郭彤颖、刘冬莉、张凤众、刘淑娟编写，第5章由郭彤颖、张辉、徐力编写，第6、7章由王海忱、郭彤颖编写，第8章由安冬、徐力辉编写。研究生刘伟、高煜晗、陈露等参与了相关章节的资料收集和整理。全书由郭彤颖、安冬统稿。

本书的编写参考了国内外学者的大量论著和资料，谨在此对其作者表示衷心的谢意，并对支持本书编写和出版的所有从业者表示衷心的感谢！

由于机器人技术一直处于不断发展之中，再加上时间仓促、编者水平有限，难以全面、完整地对当前的研究前沿和热点问题一一进行探讨。书中存在不足之处，敬请读者给予批评指正。

编者

机器人
系统设计及应用

目 录

CONTENTS

第1章
绪　论

1.1　机器人的定义与分类

1.1.1　机器人的定义

什么是机器人呢？关于机器人的概念，真有点像盲人摸象，仁者见仁，智者见智。随着机器人技术的飞速发展和信息时代的到来，机器人所涵盖的内容越来越丰富，机器人的定义也在不断充实和创新。

1920 年，捷克作家卡雷尔·凯佩克（Karel Capek）发表了科幻剧本《罗萨姆的万能机器人》。在剧本中，凯佩克把捷克语"Robota"写成了"Robot"，"Robota"是奴隶的意思。该剧预告了机器人的发展对人类社会的悲剧性影响，引起了人们的广泛关注，被当成了"机器人"一词的起源。在该剧中，机器人按照其主人的命令默默地工作，没有感觉和感情，以呆板的方式从事繁重的劳动。后来，罗萨姆公司取得了成功，使机器人具有了感情，导致机器人的应用部门迅速增加。在工厂和家务劳动中，机器人成了必不可少的成员。机器人发觉人类十分自私和不公正，终于造反了，机器人的体能和智能都非常优异，因此消灭了人类。但是机器人不知道如何制造它们自己，认为它们自己很快就会灭绝，所以它们开始寻找人类的幸存者，但没有结果。最后，一对感知能力优于其他机器人的男女机器人相爱了。这时机器人进化为人类，世界又起死回生了。

凯佩克提出的是机器人的安全、感知和自我繁殖问题。科学技术的进步很可能引发人类不希望出现的问题。虽然科幻世界只是一种想象，但人类社会将可能面临这种现实。

为了防止机器人伤害人类，1950 年科幻作家阿西莫夫（Asimov）在《我是机器人》一书中提出了"机器人三原则"：

① 机器人必须不伤害人类，也不允许它见人类将受到伤害而袖手旁观；

② 机器人必须服从人类的命令，除非人类的命令与第一条相违背；

③ 机器人必须保护自身不受伤害，除非这与上述两条相违背。

这三条原则，给机器人社会赋以新的伦理性。至今，它仍会为机器人研究人员、设计制造厂家和用户提供十分有意义的指导方针。

1967 年日本召开的第一届机器人学术会议上，人们提出了两个有代表性的定义。一是森政弘与合田周平提出的："机器人是一种具有移动性、个体性、智能性、通用性、半机械半人性、自动性、奴隶性等 7 个特征的柔性机器"。从这一定义出发，森政弘又提出了用自动性、智能性、个体性、半机械半人性、作业性、通用性、信息性、柔性、有限性、移动性等 10 个特性来表示机器人的形象；另一个是加藤一郎提出的，具有如下 3 个条件的机器可以称为机器人：

① 具有脑、手、脚等三要素的个体；

② 具有非接触传感器（用眼、耳接受远方信息）和接触传感器；

③ 具有平衡觉和固有觉的传感器。

该定义强调了机器人应当具有仿人的特点，即它靠手进行作业，靠脚实现移动，由脑来完成统一指挥的任务。非接触传感器和接触传感器相当于人的五官，使机器人能够识别外界环境，而平衡觉和固有觉则是机器人感知本身状态所不可缺少的传感器。

美国机器人工业协会给出的定义是：机器人是一种用于移动各种材料、零件、工具或专用装置，通过可编程动作来执行各种任务，并具有编程能力的多功能操作机。

日本工业机器人协会给出的定义是：机器人是一种带有记忆装置和末端执行器的、能够通过自动化的动作而代替人类劳动的通用机器。

国际标准化组织对机器人的定义是：机器人是一种能够通过编程和自动控制来执行诸如作业或移动等任务的机器。

我国科学家对机器人的定义是：机器人是一种自动化的机器，所不同的是这种机器具备一些与人或生物相似的智能能力，如感知能力、规划能力、动作能力和协同能力，是一种具有高度灵活性的自动化机器。

随着人们对机器人技术智能化本质认识的加深，机器人技术开始源源不断地向人类活动的各个领域渗透。结合这些领域的应用特点，人们发展了各式各样的具有感知、决策、行动和交互能力的特种机器人和各种智能机器人。现在虽然还没有一个严格而准确的机器人定义，但是我们希望对机器人的本质做些把握：机器人是自动执行工作的机器装置。它既可以接受人类指挥，又可以运行预先编排的程序，也可以根据以人工智能技术制定的原则纲领行动。它的任务是协助或取代人类的工作。它是高级整合控制论、机械电子、计算机、材料和仿生学的产物，在工业、医学、农业、服务业、建筑业甚至军事等领域中均有重要用途。

1.1.2　机器人的分类

关于机器人的分类，国际上没有制定统一的标准，从不同的角度可以有不同的分类。

(1) 按照机器人的发展阶段分类

① 第一代机器人：示教再现型机器人。1947 年，为了搬运和处理核燃料，美国橡树岭国家实验室研发了世界上第一台遥控的机器人。1962 年美国又研制成功 PUMA 通用示教再现型机器人，这种机器人通过一个计算机，来控制一个多自由度的机械，通过示教存储程序和信息，工作时把信息读取出来，然后发出指令，这样机器人可以重复地根据人当时示教的结果，再现出这种动作。比方说汽车的点焊机器人，它只要把这个点焊的过程示教完以后，它总是重复这样一种工作。

② 第二代机器人：感觉型机器人。示教再现型机器人对于外界的环境没有感知，这个操作力的大小，这个工件存在不存在，焊接的好与坏，它并不知道，因此，在 20 世纪 70 年代后期，人们开始研究第二代机器人，叫感觉型机器人，这种机器人拥有类似人在某种功能

的感觉，如力觉、触觉、滑觉、视觉、听觉等，它能够通过感觉来感受和识别工件的形状、大小、颜色。

③ 第三代机器人：智能型机器人。20 世纪 90 年代以来发明的机器人。这种机器人带有多种传感器，可以进行复杂的逻辑推理、判断及决策，在变化的内部状态与外部环境中，自主决定自身的行为。

(2) 按照控制方式分类

① 操作型机器人：能自动控制，可重复编程，多功能，有几个自由度，可固定或运动，用于相关自动化系统中。

②程控型机器人：按预先要求的顺序及条件，依次控制机器人的机械动作。

③示教再现型机器人：通过引导或其他方式，先教会机器人动作，输入工作程序，机器人则自动重复进行作业。

④ 数控型机器人：不必使机器人动作，通过数值、语言等对机器人进行示教，机器人根据示教后的信息进行作业。

⑤ 感觉控制型机器人：利用传感器获取的信息控制机器人的动作。

⑥ 适应控制型机器人：机器人能适应环境的变化，控制其自身的行动。

⑦ 学习控制型机器人：机器人能"体会"工作的经验，具有一定的学习功能，并将所"学"的经验用于工作中。

⑧ 智能机器人：以人工智能决定其行动的机器人。

(3) 从应用环境角度分类

目前，国际上的机器人学者，从应用环境出发将机器人分为两类：制造环境下的工业机器人和非制造环境下的服务与仿人型机器人。

我国的机器人专家从应用环境出发，将机器人也分为两大类，即工业机器人和特种机器人。这和国际上的分类是一致的。工业机器人是指面向工业领域的多关节机械手或多自由度机器人。特种机器人则是除工业机器人之外的、用于非制造业并服务于人类的各种先进机器人，包括：服务机器人、水下机器人、娱乐机器人、军用机器人、农业机器人等。在特种机器人中，有些分支发展很快，有独立成体系的趋势，如服务机器人、水下机器人、军用机器人、微操作机器人等。

工业机器人按臂部的运动形式分为四种。直角坐标型的臂部可沿三个直角坐标移动；圆柱坐标型的臂部可作升降、回转和伸缩动作；球坐标型的臂部能回转、俯仰和伸缩；关节型的臂部有多个转动关节。

工业机器人按执行机构运动的控制机能，又可分点位型和连续轨迹型。点位型只控制执行机构由一点到另一点的准确定位，适用于机床上下料、点焊和一般搬运、装卸等作业；连续轨迹型可控制执行机构按给定轨迹运动，适用于连续焊接和涂装等作业。

工业机器人按程序输入方式区分有编程输入型和示教输入型两类。编程输入型是将计算机上已编好的作业程序文件，通过 RS-232 串口或者以太网等通信方式传送到机器人控制柜。示教输入型的示教方法有两种：一种是由操作者用手动控制器（示教操纵盒），将指令信号传给驱动系统，使执行机构按要求的动作顺序和运动轨迹操演一遍；另一种是由操作者直接领动执行机构，按要求的动作顺序和运动轨迹操演一遍。在示教过程的同时，工作程序的信息即自动存入程序存储器中在机器人自动工作时，控制系统从程序存储器中检出相应信息，将指令信号传给驱动机构，使执行机构再现示教的各种动作。示教输入程序的工业机器人称为示教再现型工业机器人。

(4) 按照机器人的运动形式分类

① 直角坐标型机器人　这种机器人的外形轮廓与数控镗铣床或三坐标测量机相似，如图 1-1 所示。3 个关节都是移动关节，关节轴线相互垂直，相当于笛卡儿坐标系的 x、y 和 z 轴。它主要用于生产设备的上下料，也可用于高精度的装卸和检测作业。这种形式主要特点如下。

a. 结构简单，直观，刚度高。多做成大型龙门式或框架式机器人。

b. 3 个关节的运动相互独立，没有耦合，运动学求解简单，不产生奇异状态。采用直线滚动导轨后，速度和定位精度高。

c. 工件的装卸、夹具的安装等受到立柱、横梁等构件的限制。

d. 容易编程和控制，控制方式与数控机床类似。

e. 导轨面防护比较困难。移动部件的惯量比较大，增加了驱动装置的尺寸和能量消耗，操作灵活性较差。

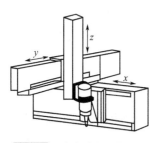

图 1-1　直角坐标型机器人

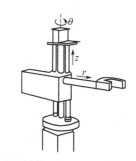

图 1-2　圆柱坐标型机器人

② 圆柱坐标型机器人　如图 1-2 所示，这种机器人以 θ、z 和 r 为参数构成坐标系。手腕参考点的位置可表示为 $P = f(\theta, z, r)$。其中，r 是手臂的径向长度，θ 是手臂绕水平轴的角位移，z 是在垂直轴上的高度。如果 r 不变，操作臂的运动将形成一个圆柱表面，空间定位比较直观。操作臂收回后，其后端可能与工作空间内的其他物体相碰，移动关节不易防护。

③ 球（极）坐标型机器人　如图 1-3 所示，腕部参考点运动所形成的最大轨迹表面是半径为 r 的球面的一部分，以 θ、φ、r 为坐标，任意点可表示为 $P = f(\theta, \varphi, r)$。这类机器人占地面积小，工作空间较大，移动关节不易防护。

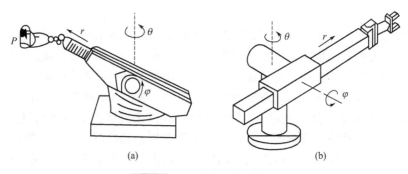

(a)　　　　　　　　　　　　　　(b)

图 1-3　球(极)坐标型机器人

④ 平面双关节型机器人（selective compliance assembly robot arm，SCARA）　SCARA 机器人有 3 个旋转关节，其轴线相互平行，在平面内进行定位和定向，另一个关节是移动关节，

用于完成末端件垂直于平面的运动。手腕参考点的位置是由两旋转关节的角位移 φ_1、φ_2 和移动关节的位移 z 决定的，即 $P = f(\varphi_1, \varphi_2, z)$，如图 1-4 所示。这类机器人结构轻便、响应快。例如 Adept I 型 SCARA 机器人的运动速度可达 10m/s，比一般关节式机器人快数倍。它最适用于平面定位，而在垂直方向进行装配的作业。

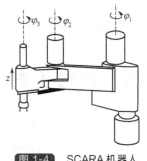

图 1-4　SCARA 机器人

⑤ 关节型机器人　这类机器人由 2 个肩关节和 1 个肘关节进行定位，由 2 个或 3 个腕关节进行定向。其中，一个肩关节绕铅直轴旋转，另一个肩关节实现俯仰，这两个肩关节轴线正交，肘关节平行于第二个肩关节轴线，如图 1-5 所示。这种构形动作灵活，工作空间大，在作业空间内手臂的干涉最小，结构紧凑，占地面积小，关节上相对运动部位容易密封防尘。这类机器人运动学较复杂，运动学反解困难，确定末端件执行器的位姿不直观，进行控制时，计算量比较大。

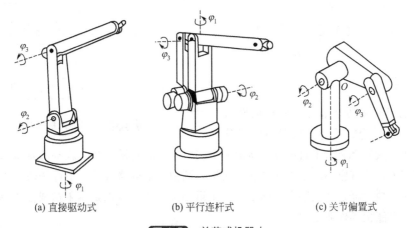

(a) 直接驱动式　　　　　(b) 平行连杆式　　　　　(c) 关节偏置式

图 1-5　关节式机器人

(5) 按照机器人移动性来分类

可分为半移动式机器人（机器人整体固定在某个位置，只有部分可以运动，例如机械手）和移动机器人。

随着机器人的不断发展，人们发现固定于某一位置操作的机器人并不能完全满足各方面的需要。因此，20 世纪 80 年代后期，许多国家有计划地开展了移动机器人技术的研究。所谓的移动机器人，就是一种具有高度自主规划、自行组织、自适应能力，适合于在复杂的非结构化环境中工作的机器人，它融合了计算机技术、信息技术、通信技术、微电子技术和机器人技术等。移动机器人具有移动功能，在代替人从事危险、恶劣（如辐射、有毒等）环境下作业和人所不及的（如宇宙空间、水下等）环境作业方面，比一般机器人有更大的机动性、灵活性。

(6) 按照机器人的移动方式来分类

可分为轮式移动机器人、步行移动机器人（单腿式、双腿式和多腿式）、履带式移动机器人、爬行机器人、蠕动式机器人和游动式机器人等类型。

(7) 按照机器人的功能和用途来分类

可分为医疗机器人、军用机器人、海洋机器人、助残机器人、清洁机器人和管道检测机器人等。

(8) 按照机器人的作业空间分类

可分为陆地室内移动机器人、陆地室外移动机器人、水下机器人、无人飞机和空间机器人等。

1.2 机器人系统的基本组成

如图 1-6 所示，机器人由机械部分、控制部分、传感部分三大部分组成。这三大部分主要包括机构（机械结构系统）、感受系统、驱动系统、控制系统、人机交互系统、机器人-环境交互系统六个子系统。如果用人来比喻机器人的组成的话，那么控制系统相当于人的"大脑"，感知系统相当于人的"视觉与感觉器官"，驱动系统相当于人的"肌肉"，执行机构相当于人的"身躯和四肢"。整个机器人运动功能的实现，是通过人机交互系统，采用工程的方法控制实现的。

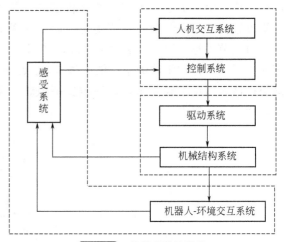

图 1-6　机器人系统组成

1.2.1 机构

机器人的机构由传动部件和机械构件组成。机械构件由机身、手臂、末端操作器三大件组成。每一大件都有若干自由度，构成一个多自由度的机械系统。若基座具备移动机构，则构成移动机器人；若基座不具备移动及腰转机构，则构成单机器人臂。手臂一般由上臂、下臂和手腕组成。末端执行器是直接装在手腕上的一个重要部件，它可以是两手指或多手指的手爪，也可以是焊枪、喷漆枪等作业工具。

1.2.2 驱动系统

驱动系统是向机械结构系统提供动力的装置。驱动系统的驱动方式主要有：电气驱动、液压驱动、气压驱动及新型驱动。

电气驱动是目前使用最多的一种驱动方式，其特点是无环境污染、运动精度高、电源取用方便，响应快，驱动力大，信号检测、传递、处理方便，并可以采用多种灵活的控制方式，驱动电机一般采用步进电机、直流伺服电机、交流伺服电机，也有采用直接驱动电机的。

液压驱动可以获得很大的抓取能力，传动平稳，结构紧凑，防爆性好，动作也较灵敏，但对密封性要求高，不宜在高、低温现场工作。

气压驱动的机器人结构简单，动作迅速，空气来源方便，价格低，但由于空气可压缩而使工作速度稳定性差，抓取力小。

随着应用材料科学的发展，一些新型材料开始应用于机器人的驱动，如形状记忆合金驱动、压电效应驱动、人工肌肉及光驱动等。

1.2.3 感受系统

它由内部传感器模块和外部传感器模块组成，获取内部和外部环境中有用的信息。内部传感器用来检测机器人的自身状态（内部信息），如关节的运动状态等。外部传感器用来感知外部世界，检测作业对象与作业环境的状态（外部信息），如视觉、听觉、触觉等。智能传感器的使用提高了机器人的机动性、适应性和智能化水平。人类的感受系统对感知外部世界信息是极其巧妙的，然而对于一些特殊的信息，传感器比人类的感受系统更有效。

(1) 机器人对传感器的要求

① 基本性能要求

a. 精度高。精度定义为传感器的输出值与期望值的接近程度。对于给定输入，传感器有一个期望输出，而精度则与传感器的输出和该期望值的接近程度有关。机器人传感器的精度直接影响机器人的工作质量。用于检测和控制机器人运动的传感器是控制机器人定位精度的基础。机器人是否能够准确无误地正常工作，往往取决于传感器的测量精度。

b. 重复性好。对同样的输入，如果对传感器的输出进行多次测量，那么每次输出都可能不一样。重复精度反映了传感器多次输出之间的变化程度。通常，如果进行足够次数的测量，那么就可以确定一个范围，它能包括所有在标称值周围的测量结果，那么这个范围就定义为重复精度。通常重复精度比精度更重要，在多数情况下，不准确度是由系统误差导致的，因为它们可以预测和测量，所以可以进行修正和补偿。重复性误差通常是随机的，不容易补偿。

c. 稳定性好，可靠性高。机器人传感器的稳定性和可靠性是保证机器人能够长期稳定可靠地工作的必要条件。机器人经常是在无人照管的条件下代替人来操作，如果它在工作中出现故障，轻者影响生产的正常进行，重者造成严重事故。

d. 抗干扰能力强。机器人传感器的工作环境比较恶劣，它应当能够承受强电磁干扰、强振动，并能够在一定的高温、高压、高污染环境中正常工作。

e. 质量小、体积小、安装方便可靠。对于安装在机器人操作臂等运动部件上的传感器，质量要小，否则会加大运动部件的惯性，减少总的有效载荷，影响机器人的运动性能。对于工作空间受到某种限制的机器人，对体积和安装方向的要求也是必不可少的。例如，关节位移传感器必须与关节的设计相适应，并能与机器人中的其他部件一起移动，但关节周围可利用的空间可能会受到限制。另外，体积庞大的传感器可能会限制关节的运动范围。因此，确保给关节传感器留下足够大的空间非常重要。

f. 价格适当。传感器的价格是需要考虑的重要因素，尤其在一台机器需要使用多个传感器时更是如此。然而价格必须与其他设计要求相平衡，例如可靠性、传感器数据的重要性、精度和寿命等。

g. 输出类型（数字式或模拟式）的选择。根据不同的应用，传感器的输出可以是数字量也可以是模拟量，它们可以直接使用，也可能必须对其进行转换后才能使用。例如，电位器的输出是模拟量，而编码器的输出则是数字量。如果编码器连同微处理器一起使用，其输出可直接传输至处理器的输入端，而电位器的输出则必须利用模数转换器（ADC）转变成数字信号。哪种输出类型比较合适必须结合其他要求进行折中考虑。

h. 接口匹配。传感器必须能与其他设备相连接，如微处理器和控制器。倘若传感器与其他设备的接口不匹配或两者之间需要其他的额外电路，那么需要解决传感器与设备间的接口问题。

② 工作任务要求 现代工业中，机器人被用于执行各种加工任务，其中比较常见的加工任务有物料搬运、装配、喷漆、焊接、检验等。不同的加工任务对机器人提出不同的感觉

要求。

多数搬运机器人目前尚不具有感觉能力，它们只能在指定的位置上拾取确定的零件。而且，在机器人拾取零件以前，除了需要给机器人定位以外，还需要采用某种辅助设备或工艺措施，把被拾取的零件准确定位和定向，这就使得加工工序或设备更加复杂。如果搬运机器人具有视觉、触觉和力觉等感觉能力，就会改善这种状况。视觉系统用于被拾取零件的粗定位，使机器人能够根据需要，寻找应该拾取的零件，并确定该零件的大致位置。触觉传感器用于感知被拾取零件的存在、确定该零件的准确位置，以及确定该零件的方向。触觉传感器有助于机器人更加可靠地拾取零件。力觉传感器主要用于控制搬运机器人的夹持力，防止机器人手爪损坏被抓取的零件。

装配机器人对传感器的要求类似于搬运机器人，也需要视觉、触觉和力觉等感觉能力。通常，装配机器人对工作位置的要求更高。现在，越来越多的机器人正进入装配工作领域，主要任务是销、轴、螺钉和螺栓等装配工作。为了使被装配的零件获得对应的装配位置，采用视觉系统选择合适的装配零件，并对它们进行粗定位，机器人触觉系统能够自动校正装配位置。

喷漆机器人一般需要采用两种类型的传感系统：一种主要用于位置（或速度）的检测；另一种用于工作对象的识别。用于位置检测的传感器，包括光电开关、测速码盘、超声波测距传感器、气动式安全保护器等。待漆工件进入喷漆机器人的工作范围时，光电开关立即接通，通知正常的喷漆工作要求。超声波测距传感器一方面可以用于检测待漆工件的到来，另一方面用来监视机器人及其周围设备的相对位置变化，以避免发生相互碰撞。一旦机器人末端执行器与周围物体发生碰撞，气动式安全保护器会自动切断机器人的动力源，以减少不必要的损失。现代生产经常采用多品种混合加工的柔性生产方式，喷漆机器人系统必须同时对不同种类的工件进行喷漆加工，要求喷漆机器人具备零件识别功能。为此，当待漆工件进入喷漆作业区时，机器人需要识别该工件的类型，然后从存储器中取出相应的加工程序进行喷漆。用于这项任务的传感器，包括阵列触觉传感器系统和机器人视觉系统。由于制造水平的限制，阵列式触觉传感系统只能识别那些形状比较简单的工件，较复杂工件的识别则需要采用视觉系统。

焊接机器人包括点焊机器人和弧焊机器人两类。这两类机器人都需要用位置传感器和速度传感器进行控制。位置传感器主要是采用光电式增量码盘，也可以采用较精密的电位器。根据现在的制造水平，光电式增量码盘具有较高的检测精度和较高的可靠性，但价格昂贵。速度传感器目前主要采用测速发电机，其中交流测速发电机的线性度比较高，且正向与反向输出特性比较对称，比直流测速发电机更适合于弧焊机器人使用。为了检测点焊机器人与待焊工件的接近情况，控制点焊机器人的运动速度，点焊机器人还需要装备接近度传感器。如前所述，弧焊机器人对传感器有一个特殊要求，需要采用传感器使焊枪沿焊缝自动定位，并且自动跟踪焊缝，目前完成这一功能的常见传感器有触觉传感器、位置传感器和视觉传感器。

环境感知能力是移动机器人除了移动之外最基本的一种能力，感知能力的高低直接决定了一个移动机器人的智能性，而感知能力是由感知系统决定的。移动机器人的感知系统相当于人的五官和神经系统，是机器人获取外部环境信息及进行内部反馈控制的工具，它是移动机器人最重要的部分之一。移动机器人的感知系统通常由多种传感器组成，这些传感器处于连接外部环境与移动机器人的接口位置，是机器人获取信息的窗口。机器人用这些传感器采集各种信息，然后采取适当的方法，将多个传感器获取的环境信息加以综合处理，控制机器人进行智能作业。

(2) 机器人传感器的种类

机器人根据所完成任务的不同，配置的传感器类型和规格也不尽相同，一般分为内部传感器和外部传感器。表 1-1 和表 1-2 列出了机器人内传感器和外传感器的基本形式。

所谓内传感器，就是测量机器人自身状态的功能元件，具体检测的对象有关节的线位移、角位移等几何量，速度、角速度、加速度等运动量，还有倾斜角、方位角、振动等物理量，即主要用来采集来自机器人内部的信息。而所谓的外传感器则主要用来采集机器人和外部环境以及工作对象之间相互作用的信息。内传感器常在控制系统中，用作反馈元件，检测机器人自身的状态参数，如关节运动的位置、速度、加速度等；外传感器主要用来测量机器人周边环境参数，通常跟机器人的目标识别、作业安全等因素有关，如视觉传感器，它既可以用来识别工作对象，也可以用来检测障碍物。从机器人系统的观点来看，外传感器的信号一般用于规划决策层，也有一些外传感器的信号被底层的伺服控制层所利用。

内传感器和外传感器是根据传感器在系统中的作用来划分的，某些传感器既可当作内传感器使用，又可以当作外传感器使用。例如力传感器，用于末端执行器或操作臂的自重补偿时，是内传感器；用于测量操作对象或障碍物的反作用力时，是外传感器。

表 1-1　机器人内部传感器的基本形式

检测内容	传感器的工作方式和种类
位置传感器	电位器、旋转变压器、码盘
速度传感器	测速发电机、码盘
加速度传感器	应变片式、伺服式、压电式、电动式
倾斜角传感器	液体式、垂直振子式
方位传感器	陀螺仪、地磁传感器

表 1-2　机器人外部传感器的基本形式

检测内容	传感器的工作方式和种类
视觉传感器	二维、三维、深度
触觉传感器	位移、压力、速度
压觉传感器	单点式、高密度集成、分布式
滑觉传感器	点接触式、线接触式、面接触式
力（力矩）传感器	应变式、压电式
接近觉传感器	空气式、电磁式、电容式、光学式、声波式
距离传感器	超声波、激光、红外传感器
听觉传感器	语音、声音传感器
嗅觉传感器	气体识别传感器
温度传感器	热电偶、热敏电阻、红外线、IC温度传感器

1.2.4　控制系统

控制系统的任务是根据机器人的作业指令以及从传感器反馈回来的信号，支配机器人的执行机构去完成规定的运动和功能。如果机器人不具备信息反馈特征，则为开环控制系统；具备信息反馈特征，则为闭环控制系统。根据控制原理可分为程序控制系统、适应性控制系统和人工智能控制系统。根据控制运动的形式可分为点位控制和连续轨迹控制。

对于一个具有高度智能的机器人，它的控制系统实际上包含了"任务规划""动作规划""轨迹规划"和基于模型的"伺服控制"等多个层次，如图1-7所示。机器人首先要通过人机接口获取操作者的指令，指令的形式可以是人的自然语言，或者是由人发出的专用的指令语言，也可以是通过示教工具输入的示教指令，或者键盘输入的机器人指令语言以及计算机程

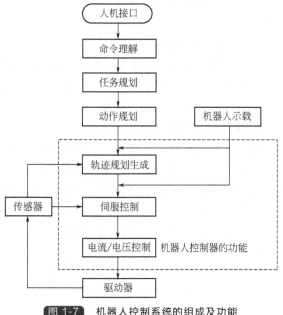

图 1-7 机器人控制系统的组成及功能

序指令。机器人其次要对控制命令进行解释理解，把操作者的命令分解为机器人可以实现的"任务"，这是任务规划。然后机器人针对各个任务进行动作分解，这是动作规划。为了实现机器人的一系列动作，应该对机器人每个关节的运动进行设计，即机器人的轨迹规划。最底层是关节运动的伺服控制。

(1) 工业机器人控制系统的主要功能

实际应用的工业机器人，其控制系统并不一定都具有上述所有组成及功能。大部分工业机器人的"任务规划"和"动作规划"是由操作人员完成的，有的甚至连"轨迹规划"也要由人工编程来实现。一般的工业机器人，设计者已经完成轨迹规划的工作，因此操作者只要为机器人设定动作和任务即可。由于工业机器人的任务通常比较专一，为这样的机器人设计任务，对用户来说并不是件困难的事情。工业机器人控制系统的主要功能有以下几种。

① 机器人示教。所谓机器人示教指的是，为了让机器人完成某项作业，把完成该项作业内容的实现方法对机器人进行示教。随着机器人完成的作业内容复杂程度的提高，如果还是采用示教再现方式对机器人进行示教已经不能满足要求了。目前一般都使用机器人语言对机器人进行作业内容的示教。作业内容包括让机器人产生应有的动作，也包括机器人与周边装置的控制和通信等方面的内容。

② 轨迹生成。为了控制机器人在被示教的作业点之间按照机器人语言所描述的指定轨迹运动，必须计算配置在机器人各关节处电机的控制量。

③ 伺服控制。把从轨迹生成部分输出的控制量作为指令值，再把这个指令值与位置和速度等传感器来的信号进行比较，用比较后的指令值控制电机转动，其中应用了软伺服。软伺服的输出是控制电机的速度指令值，或者是电流指令值。在软伺服中，对位置与速度的控制是同时进行的，而且大多数情况下是输出电流指令值。对电流指令值进行控制，本质是进行电机力矩的控制，这种控制方式的优点很多。

④ 电流控制。电流控制模块接收从伺服系统来的电流指令，监视流经电机的电流大小，采用PWM方式（脉冲宽度调制方式，pulse width modulation）对电机进行控制。

(2) 移动机器人控制系统的任务

移动机器人控制系统是以计算机控制技术为核心的实时控制系统，它的任务就是根据移动机器人所要完成的功能，结合移动机器人的本体结构和机器人的运动方式，实现移动机器人的工作目标。控制系统是移动机器人的大脑，它的优劣决定了机器人的智能水平、工作柔性及灵活性，也决定了机器人使用的方便程度和系统的开放性。

1.2.5　人机交互系统

人机交互系统是人与机器人进行联系和参与机器人控制的装置。例如：计算机的标准终端、指令控制台、信息显示板、危险信号报警器等。该系统可以分为两大类：指令给定装置和信息显示装置。

1.2.6　机器人-环境交互系统

机器人-环境交互系统是实现机器人与外部环境中的设备相互联系和协调的系统。机器人与外部设备集成为一个功能单元，如加工制造单元、焊接单元、装配单元等。当然也可以是多台机器人集成为一个去执行复杂任务的功能单元。

1.3　机器人系统的设计方法

机器人是一个完整的机电一体化系统，是一个包括机构、控制系统、感受系统等的整体系统。对于机器人这样一个复杂的系统，在设计时首先要考虑的是机器人的整体性、整体功能和整体参数，再对局部细节进行设计。

(1) 准备事项

在设计之初，应当首先明确机器人的设计目的，即机器人的应用对象、应用领域和主要应用目的。然后，根据设计目的确定机器人的功能要求。在确定功能要求基础上，设计者可以明确机器人的设计参数，如机器人的自由度数、信息的存储容量、计算机功能、动作速度、定位精度、抓取重量、容许的空间结构尺寸以及温度、振动等环境条件的适用性等。将设计参数以集合的方式表示，则可以形成总体的设计方案。最后进行方案的比较，在初步提出的若干方案中，通过对工艺生产、技术和价值分析选择出最佳方案。

(2) 机器人的详细设计

① 在总体方案确定之后，首先根据总体的功能要求选择合适的控制方案。从控制器所能配置的资源来说，有两种控制方式：集中式和分布式。集中式是将所有的资源都集中在一个控制器上，而分布式则是让不同的控制器负责实现机器人不同的功能。

② 在控制方案确定之后，根据选定的控制方案选择驱动方式。机器人的驱动方式主要有液压、气压、电气，以及新型驱动方式。设计者可以根据机器人的负载要求来进行选择，其中液压的负载最大，气动次之，电动最小。

③ 在控制系统的设计及驱动方式确定之后，就可以进行机械结构系统的设计。机器人的机械结构系统设计一般包括对末端执行器、臂部、腕部、机座和移动机构等的设计。

④ 机器人运动形式或移动机构的选择。根据主要的运动参数选择运动形式是结构设计的基础。常见工业机器人的运动形式有五种：直角坐标型、圆柱坐标型、极坐标型、关节型和 SCARA 型。常见移动机器人的移动机构有轮式、履带式和足式移动机构。

为适应不同的生产工艺或环境需要，可采用不同的结构。具体选用哪种形式，必须根据工艺要求、工作现场、位置以及搬运前后工件中心线方向的变化等情况，分析比较，择优选取。为了满足特定工艺要求，专用的机械手一般只要求有 2 个或 3 个自由度，而通用机器人必须具有 4～6 个自由度，才能满足不同产品的不同工艺要求。所选择的运动形式，在满足需要的情况下，应以使自由度最少、结构最简单为准。

⑤ 传动系统设计的好坏，将直接影响机器人的稳定性、快速性和精确性等性能参数。机器人的传动系统除了常见的齿轮传动、链传动、蜗轮蜗杆传动和行星齿轮传动外，还广泛地采用滚珠丝杠、谐波减速装置和绳轮钢带等传动系统。

⑥ 在进行机械设计的过程中，最好能够使用 Pro/E、UG、SolidWork 等 CAD/CAE 软件建立三维实体模型，并在机器人上进行虚拟装配，然后进行运动学仿真，检查是否存在干涉和外观的不满意。也可以使用 Adams 等软件进行动力学仿真，从更深层次来发现设计中可能存在的问题。

(3) 制造、安装、调试和编写设计文档

在详细设计完成之后，先筛选标准元器件，对自制的零件进行检查，对外购的设备器件进行验收；然后对各子系统调试后，进行总体安装，整机联调；最后编写设计文档。

1.4　机器人的应用

经过数十年的发展，机器人已经广泛应用于工业、农业、服务业、科技、国防等领域。下面简要介绍一下机器人在诸多领域应用的情况。

(1) 工业机器人的应用

工业机器人是指在工业中应用的一种能进行自动控制的、可重复编程的、多功能的、多自由度的、多用途的操作机，能搬运材料、工件或操持工具，用以完成各种作业。这种操作机可以固定在一个地方，也可以安置在往复运动的小车上。

工业机器人最早应用于汽车制造工业，常用于焊接、喷漆、上下料和搬运。此外，工业机器人在零件制造过程中的检测和装配等领域也得到了广泛的应用。工业机器人延伸和扩大了人的手足和大脑的功能，它可代替人从事危险、有害、有毒、低温和高热等恶劣环境中的工作；代替人完成繁重、单调的重复劳动，提高劳动生产率，保证产品质量。图 1-8 为沈阳新松公司 RH6 弧焊机器人系统组成的汽车座椅焊接生产线。

图 1-8　汽车座椅焊接机器人生产线

(2) 服务机器人的应用

服务机器人是一种以自主或半自主方式运行，能为人类生活和健康提供服务的机器人，或者是能对设备运行进行维护的一类机器人。服务机器人主要是一个移动平台，它能够移动，上面有一些手臂进行操作，同时还装有一些力觉传感器、视觉传感器、超声测距传感器等。它对周边的环境进行识别，判断自己的运动，完成某种工作，这是服务机器人的基本特点。

如图 1-9 所示的机器人是日本发明出的人形个性机器人保姆"ar"，"ar"上共搭载了五台照相机，通过图像识别来辨认家具，它依靠车轮移动，除了会洗衣，打扫卫生，还会收拾餐具等诸多家务杂活。在公开展示活动中，"ar"演示了打开洗衣机盖并将衣服放入洗衣机的过程，同时还展示了送餐具和打扫卫生等功能。

图 1-10 所示机器人是由德国研制的新一代机器人保姆 Care-O-Bot3，它全身布满了各种能够识别物体的传感器，让它能够准确地判断物体的位置并识别它们的类型；它不仅能够通过声音控制或者手势控制，同时还具备很强的自我学习能力。

图 1-11 所示机器人是俄罗斯利用"新纪元"公司许多独特研究研制的人形机器人"阿涅亚"，这款机器人是一种能够双脚行走，还能与人对话的服务机器人，它拥有世界先进的机械结构和程序保障系统。

图 1-9 机器人保姆　　　图 1-10 机器人 Care-O-Bot3　　　图 1-11 "阿涅亚"机器人

图 1-12 所示霹雳舞机器人是由英国 RM 的工程师开发研制的，它不仅能在课堂上成为孩子们的帮手，帮助孩子学习，还能通过计算机设定好的程序来控制身上多个关节的活动，从而做出各种类似人类跳舞的动作。

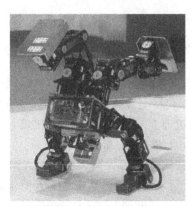 

图 1-12 霹雳舞机器人　　　　　　　图 1-13 美女机器人

图 1-13 所示机器人是一款完全由我国科学家自主研发成功的"美女机器人",它不仅能够与人进行对话,还能够根据自身携带的传感器进行自主运动。这款"美女机器人"拥有靓丽的外形,还能根据人的语音指令快速做出反应。

(3) 农业机器人的应用

农业机器人指的是应用于农业生产的机器人的总称。近年来,随着农业机械化的发展,农业机器人正在发挥越来越大的作用,已经投入应用的有西红柿采摘机器人(见图 1-14)、林木球果采摘机器人(见图 1-15)、嫁接机器人(见图 1-16)、伐根机器人(见图 1-17)、收割机器人、喷药机器人等。

图 1-14　西红柿采摘机器人

图 1-15　林木球果采摘机器人

图 1-16　嫁接机器人

图 1-17　伐根机器人

(4) 军用机器人的应用

军用机器人是一种用于军事领域(侦察、监视、排爆、攻击、救援等)的具有某种仿人功能的机器人。按其工作环境可以分为地面军用机器人、水下军用机器人、空中军用机器人和空间机器人等。

① 地面军用机器人　主要是指在地面上使用的机器人系统,它们不仅在和平时期可以帮助民警排除炸弹,完成要地保安任务,而且在战场上可以代替士兵执行运输、扫雷、侦察和攻击等各种任务。地面军用机器人种类繁多,主要有作战机器人(见 1-18)、防爆机器人(见图 1-19)、扫雷车、保安机器人(见图 1-20)、机器侦察兵(见图 1-21)等。

② 水下军用机器人　水下机器人分为有人机器人和无人机器人两大类。有人潜水器机动灵活,便于处理复杂的问题,但人的生命可能会有危险,而且价格昂贵。无人潜水器就是人们所说的水下机器人。按照无人潜水器与水面支持设备(母船或平台)间联系方式的不同,水下机器人可以分为两大类:一种是有缆水下机器人,习惯上把它称做遥控潜水器,简

图 1-18 作战机器人

图 1-19 防爆机器人

图 1-20 保安机器人

图 1-21 机器侦察兵

称 ROV；另一种是无缆水下机器人，潜水器习惯上把它称做自治潜水器，简称 AUV。有缆机器人都是遥控式的，按其运动方式分为拖曳式、（海底）移动式和浮游（自航）式三种。无缆水下机器人只能是自治式的，只有观测型浮游式一种运动方式，但它的前景是光明的。为了争夺制海权，各国都在开发各种用途的水下机器人，有探雷机器人、扫雷机器人、侦察机器人等，如图 1-22、图 1-23 所示。

图 1-22 中国自制的 6000m 无缆自主水下机器人

图 1-23 水下扫雷机器人

③ 空中军用机器人 被称为空中机器人的无人机是军用机器人中发展最快的家族，从 1913 年第一台自动驾驶仪问世以来，无人机的基本类型已达到 300 多种，在世界市场上销售的无人机有 40 多种。如图 1-24～图 1-26 所示。无人机被广泛应用于侦察、监视、预警、目标攻击等领域。随着科技的发展，无人机的体积越来越小，产生了微机电系统集成的产

物——微型飞行器。微型飞行器被认为是未来战场上重要的侦察和攻击武器，能够传输实时图像或执行其他任务，具有足够小的尺寸（小于 20cm）、足够大的巡航范围（如不小于 5km）和足够长的飞行时间（不小于 15min）。

图 1-24　"全球鹰"无人机

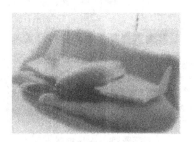

图 1-25　"微星"微型无人机

图 1-26　机器蜻蜓

④ 空间机器人　是一种低价位的轻型遥控机器人，可在行星的大气环境中导航及飞行。为此，它必须克服许多困难，例如它要能在一个不断变化的三维环境中运动并自主导航；几乎不能够停留；必须能实时确定它在空间的位置及状态；要能对它的垂直运动进行控制；要为它的星际飞行预测及规划路径。目前，美国、俄罗斯、加拿大等国已研制出各种空间机器人，如美国NASA 研制的空间机器人 Sojanor（如图 1-27 所示）、智能蜘蛛人（如图 1-28 所示）。

图 1-27　美国制造的空间机器人 Sojanor

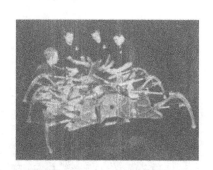

图 1-28　NASA 研制的智能蜘蛛人

(5) 医用机器人

医用机器人，是指用于医院、诊所的医疗或辅助医疗的机器人。它能独自编制操作计划，依据实际情况确定动作程序，然后把动作变为操作机构的运动。医用机器人种类很多，按照其用途不同，有临床医疗用机器人、护理机器人、医用教学机器人和为残疾人服务机器人等。

① 运送药品的机器人　可代替护士送饭、送病例和化验单等，较为著名的有美国 TRC 公司的 HelpMate 机器人。

② 移动病人的机器人　主要帮助护士移动或运送瘫痪、行动不便的病人，如英国的 PAM 机器人。

③ 临床医疗的机器人　包括外科手术机器人和诊断与治疗机器人。图 1-29 所示机器人是一台能够为患者治疗中风的医疗机器人，这款机器人能够通过互联网将医生和患者的信息进行交互。有了这种机器人，医生无需和患者面对面就能进行就诊治疗。

④ 为残疾人服务的机器人　为残疾人服务的机器人又叫康复机器人，可以帮助残疾人恢复独立生活能力。图 1-30 所示机器人是一款新型助残机器人，它是由美国军方专门为战争中受伤致残失去行动能力的士兵设计的，它将受伤的士兵下肢紧紧地包裹在机器人体内，通过感知士兵的肢体运动来控制机器人的行走。

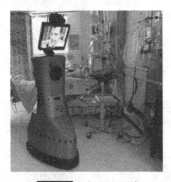

图 1-29　机器人医生

图 1-30　助残机器人

⑤ 护理机器人　英国科学家正在研发一种护理机器人，能用来分担护理人员繁重琐碎的护理工作。新研制的护理机器人将帮助医护人员确认病人的身份，并准确无误地分发所需药品。将来，护理机器人还可以检查病人体温、清理病房，甚至通过视频传输帮助医生及时了解病人病情。

⑥ 医用教学机器人　医用教学机器人是理想的教具。美国医护人员目前使用一部名为"诺埃尔"的教学机器人，它可以模拟即将生产的孕妇，甚至还可以说话和尖叫。通过模拟真实接生，有助于提高妇产科医护人员手术配合和临场反应。

(6) 灾难救援机器人的应用

近些年来，特别是"9·11"事件以后，世界上许多国家开始从国家安全战略的角度研制出各种反恐防爆机器人、灾难救援机器人等危险作业机器人，用于灾难的防护和救援。同时，由于救援机器人有着潜在的应用背景和市场，一些公司也介入了救援机器人的研究与开发。目前，灾难救援机器人技术正从理论和试验研究向实际应用发展。

日本东京电气通信大学开发的类蛇搜救机器人 KOHGA2 如图 1-31 所示，它可以进入到受灾现场狭窄的空间中搜索幸存者。

日本神户大学及日本国家火灾与灾难研究所共同研发的针对核电站事故的救援机器人如图 1-32 所示，它设计的目的是进入受污染的核能机构的内部将昏倒的生还者转移至安全的地方。这种机器人系统是由一组小的移动机器人组成的，作业时首先通过小的牵引机器人调整昏厥者的身体姿势以便搬运，接着用带有担架结构的移动机器人将人转移到安全的地带。

(a) 单模块

(b) 双模块

(c) 三模块

图 1-31　可重新排列的类蛇搜救机器人 KOHGA2

(a) 牵引机器人

(b) 担架机器人

(c) 校正姿势

(d) 机器人连接

(e) 担架上昏厥者

(f) 搬运昏厥者

图 1-32　针对核电灾难的救援机器人及其实验

　　日本千叶大学和日本精工爱普生公司联合研发的微型飞行机器人 uFR 如图 1-33 所示，uFR 外观像直升机，使用了世界上最大的电力/重量输出比的超薄超声电动机，总共重量只有 13g，同时 uFR 因具有使用线性执行器的稳定机械结构而可以平衡在半空中。uFR 可以应用在地震等自然灾害中，它可以非常有效地测量现场以及危险地带和狭窄空间的环境，此外它还可以有效地防止二次灾难。

　　美国南佛罗里达大学研发的可变形机器人 Bujold 如图 1-34 所示。这种机器人装有医学传感器和摄像头，底部采用可变形履带驱动，可以变成三种结构：坐立起来面

图 1-33　微型飞行机器人(uFR)

向前方、坐立起来面向后方和平躺姿态。Bujold 具有较强的运动能力和探测能力，它能够进入到灾难现场获取幸存者的生理信息以及周围的环境信息。

　　美国霍尼韦尔公司研发的垂直起降的微型无人机 RQ-16AT-Hawk 如图 1-35 所示，这款无人机重 8.4kg，能持续飞行 40min，最大速度 130km/h，最高距离 3200m，最大可操控范围半径 11km，适合于背包部署和单人操作。T-Hawk 无人机可以用于灾难现场的环境监视，它已经被应用在 2011 年日本福岛的核电事故中，帮助东京电力公司更好地判断放射性物质

(a) 坐立面向前方　　　　　　　　(b) 坐立面向后方

(c) 平躺

图 1-34　可变形机器人 Bujold 的三种结构

图 1-35　霍尼韦尔公司的微型无人机 RQ-16AT-Hawk

泄露的位置以及如何更好地进行处理。

　　韩国大邱庆北科学技术院研发的便携式火灾疏散机器人如图 1-36 所示，疏散机器人设计的目的是深入到火灾现场来收集环境信息，寻找幸存者，并且引导被困者撤离火灾现场。

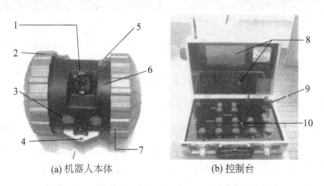

(a) 机器人本体　　　　　　　　(b) 控制台

1—摄像机；2—开关；3—LED灯；4—支撑轮；5—空气温度传感器；6—铝混合物金属；
7—两驱动轮及控制系统；8—两机器人的双显示画面；9—摇杆；10—控制按钮

图 1-36　疏散机器人

机器人结构是用铝复合金属设计的，具有耐高温和防水的功能，机器人具有一个摄像机可以捕捉火灾现场的环境，有多种传感器可以检测温度、一氧化碳和氧气浓度，还有扬声器用来与被困者进行交流。

德国人工智能研究中心研发的轮腿混合结构的机器人 ASGUARD 如图 1-37 所示，AS-GUARD 是因昆虫移动激发的灵感而设计出来的混合式四足户外机器人，第一代 ASGUARD 原型是由四个具有一个旋转自由度的腿直接驱动的，ASGUARD 设计的使命是灾难缓解以及城市搜索和救援。

中国科学院沈阳自动化研究所研发的可变形灾难救援机器人如图 1-38 所示，这种机器人具有 9 种运动构形和 3 种对称构形，具有直线、三角和并排等多种形态，它能够通过多种形态和步态来适应环境和任务的需要，可以根据使用的目的，安装摄像、生命探测仪等不同的设备。可变形灾难救援机器人在 2013 年四川省雅安市芦山县地震救援中进行了首次应用，在救援过程中，它的任务是对废墟表面及废墟内部进行搜索，为救援队提供必要的数据以及图像支持信息。

图 1-37　轮腿混合式机器人 ASGUARD

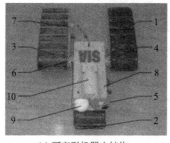

(a) 可变形机器人结构　　　　　　　　(b) 现场救灾

1—首模块；2—中间模块；3—尾模块灯；4—仰俯关节；5—偏转关节；
6—仰俯关节；7—偏转关节；8—云台；9—拾音器；10—环境采集

图 1-38　可变形灾难救援机器人及其现场救灾

中国科学院沈阳自动化研究所研发的旋翼飞行机器人如图 1-39 所示，旋翼飞行机器人具有小巧、轻便、低空、慢速等特点，能够克服气候、气流、地形等大型飞机难以应对的因素。在救援过程中，旋翼飞行机器人能从空中获取灾区现场的路况以及灾后建筑物的分布情况，它能够通过悬停的方式进行搜索和排查，并且实时地向操作人员传送高分辨率图片和影像，为救援人员进行有针对性的部署和救援提供决策依据，从而大大地提高了灾难救援的工作效率。旋翼飞行机器人在 2013 年四川省雅安市芦山县地震救援中进行了作业，实施了危楼逐户生命迹象的探查，并向救援队提供了高清的古城村灾区图和实时道路画面。

图 1-39 旋翼飞行机器人

第**2**章
机器人的技术参数和机构

2.1 机器人的技术参数

技术参数是机器人制造商在产品供货时所提供的技术数据。不同的机器人其技术参数不一样，而且各厂商所提供的技术参数项目和用户的要求也不完全一样。但是，机器人的主要技术参数一般都应有：自由度、定位精度和重复定位精度、工作范围、最大工作速度、承载能力等。

(1) 自由度

自由度是指机器人所具有的独立坐标轴运动的数目，不包括手爪（末端操作器）的开合自由度。在三维空间中描述一个物体的位姿需要 6 个自由度。但是，机器人的自由度是根据其用途而设计的，可能少于 6 个自由度，也可能多于 6 个自由度。例如，A4020 型装配机器人具有 4 个自由度，可以在印制电路板上接插电子器件；PUMA562 型机器人具有 6 自由度，可以进行复杂空间曲面的弧焊作业。从运动学的观点看，在完成某一特定作业时具有多余自由度的机器人，就叫作冗余自由度机器人，亦可简称冗余度机器人。例如 PUMA562机器人去执行印制电路板上接插电子器件的作业时，就成为冗余度机器人。利用冗余的自由度可以增加机器人的灵活性、躲避障碍物和改善动力性能。人的手臂（大臂，小臂，手腕）共有 7 个自由度，所以工作起来很灵巧，手部可回避障碍物从不同方向到达同一个目的点。

大多数机器人从总体上看是个开链机构，但其中可能包含有局部闭环机构。闭环机构可提高刚性，但限制了关节的活动范围，因而会使工作空间减小。

(2) 定位精度和重复定位精度

机器人精度包括定位精度和重复定位精度。定位精度是指机器人手部实际到达位置与目标位置的差异。重复定位精度是指机器人重复定位其手部于同一目标位置的能力，可以用标准偏差这个统计量来表示。它是衡量一系列误差值的密集度，即重复度。

机器人操作臂的定位精度是根据使用要求确定的，而机器人操作臂本身所能达到的定位精度，取决于定位方式、运动速度、控制方式、臂部刚度、驱动方式、缓冲方法等因素。

工艺过程的不同，对机器人操作臂重复定位精度的要求也不同。不同工艺过程所要求的定位精度见表 2-1。

表 2-1　不同工艺过程的定位精度要求

工艺过程	定位精度/mm
金属切削机床上下料	±(0.05~1.00)
冲床上下料	±1
点焊	±1
模锻	±(0.1~2.0)
喷涂	±3
装配、测量	±(0.01~0.50)

当机器人操作臂达到所要求的定位精度有困难时，可采用辅助工夹具协助定位的办法，即机器人操作臂把被抓取物体送到工、夹具进行粗定位，然后利用工、夹具的夹紧动作实现工件的最后定位。这种办法既能保证工艺要求，又可降低机器人操作臂的定位要求。

(3) 工作范围

工作范围是指机器人操作臂末端或手腕中心所能到达的所有点的集合，也叫做工作区域。因为末端执行器的形状和尺寸是多种多样的，为了真实反映机器人的特征参数，所以是指不安装末端执行器时的工作区域。工作范围的形状和大小是十分重要的。机器人在执行某一作业时，可能会因为存在手部不能到达的作业死区（dead zone）而不能完成任务。

机器人操作臂的工作范围根据工艺要求和操作运动的轨迹来确定。一个操作运动的轨迹往往是几个动作合成的，在确定工作范围时，可将运动轨迹分解成单个动作，由单个动作的行程确定机器人操作臂的最大行程。为便于调整，可适当加大行程数值。各个动作的最大行程确定之后，机器人操作臂的工作范围也就定下来了。

(4) 最大工作速度

通常指机器人操作臂末端的最大速度。提高速度可提高工作效率，因此提高机器人的加速减速能力，保证机器人加速减速过程的平稳性是非常重要的。

(5) 承载能力

承载能力是指机器人在工作范围内的任何位姿上所能承受的最大质量。机器人的载荷不仅取决于负载的质量，而且还与机器人运行的速度和加速度的大小和方向有关。为了安全起见，承载能力是指高速运行时的承载能力。通常，承载能力不仅要考虑负载，而且还要考虑机器人末端操作器的质量。

(6) 运动速度

机器人或机械手各动作的最大行程确定之后，可根据生产需要的工作节拍分配每个动作的时间，进而确定各动作的运动速度。如一个机器人操作臂要完成某一工件的上料过程，需完成夹紧工件，手臂升降、伸缩、回转等一系列动作，这些动作都应该在工作节拍所规定的时间内完成。至于各动作的时间究竟应如何分配，则取决于很多因素，不是一般的计算所能确定的。要根据各种因素反复考虑，并试作各动作的分配方案，进行比较平衡后，才能确定。节拍较短时，更需仔细考虑。

机器人操作臂的总动作时间应小于或等于工作节拍。如果两个动作同时进行，要按时间较长的计算。一旦确定了最大行程和动作时间，其运动速度也就确定下来了。

分配各动作时间应考虑以下要求。

① 给定的运动时间应大于电气、液（气）压元件的执行时间。

② 伸缩运动的速度要大于回转运动的速度。因为回转运动的惯性一般大于伸缩运动的惯性。机器人或机械手升降、回转及伸缩运动的时间要根据实际情况进行分配。如果工作节拍短，上述运动所分配的时间就短，运动速度就一定要提高。但速度不能太高，否则会给设计、制造带来困难。在满足工作节拍要求的条件下，应尽量选取较低的运动速度。机器人或机械手的运动速度与臂力、行程、驱动方式、缓冲方式、定位方式都有很大关系，应根据具体情况加以确定。

③ 在工作节拍短、动作多的情况下，常使几个动作同时进行。为此，驱动系统要采取相应的措施，以保证动作的同步。

2.2 机器人的移动机构

移动机器人的移动机构形式主要有：车轮式移动机构；履带式移动机构；腿足式移动机构。此外，还有步进式移动机构、蠕动式移动机构、混合式移动机构和蛇行式移动机构等，适合于各种特别的场合。

2.2.1 车轮型移动机构

车轮型移动机构可按车轮数来分类。

(1) 两轮车

人们把非常简单、便宜的自行车或油轮摩托车用在机器人上的试验很早就进行了。但是人们很容易地就认识到油轮车的速度、倾斜等物理量精度不高，而进行机器人化，所需简单、便宜、可靠性高的传感器也很难获得。此外，两轮车制动时以及低速行走时也极不稳定。图 2-1 是装备有陀螺仪的油轮车。人们在驾驶两轮车时，依靠手的操作和重心的移动才能稳定地行驶，这种陀螺两轮车，把与车体倾斜成比例的力矩作用在轴系上，利用陀螺效应使车体稳定。

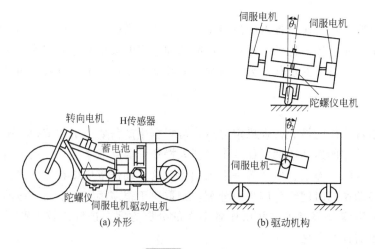

(a) 外形　　　　　　　　　　(b) 驱动机构

图 2-1　利用陀螺仪的两轮车

(2) 三轮车

三轮移动机构是车轮型机器人的基本移动机构，其原理如图 2-2 所示。

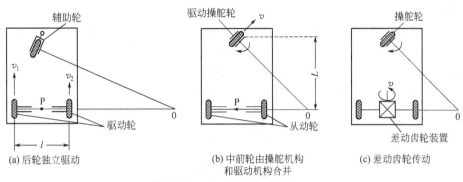

图 2-2　三轮车型移动机器人的机构

图 2-2(a) 是后轮用两轮独立驱动，前轮用小脚轮构成的辅助轮组合而成。这种机构的特点是机构组成简单，而且旋转半径可从 0 到无限大任意设定。但是它的旋转中心是在连接两驱动轴的连线上，所以旋转半径即使是 0，旋转中心也与车体的中心不一致。

图 2-2(b) 中的前轮由操舵机构和驱动机构合并而成。与图 2-2(a) 相比，操舵和驱动的驱动器都集中在前轮部分，所以机构复杂，其旋转半径可以从 0 到无限大连续变化。

图 2-2(c) 是为避免图 2-2(b) 机构的缺点，通过差动齿轮进行驱动的方式。近来不再用差动齿轮，而采用左右轮分别独立驱动的方法。

(3) 四轮车

四轮车的驱动机构和运动基本上与三轮车相同。图 2-3(a) 是两轮独立驱动，前后带有辅助轮的方式。与图 2-2(a) 相比，当旋转半径为 0 时，因为能绕车体中心旋转，所以有利于在狭窄场所改变方向。图 2-3(b) 是汽车方式，适合于高速行走，稳定性好。

根据使用目的，还有使用六轮驱动车和车轮直径不同的轮胎车，也有的提出利用具有柔性机构车辆的方案。图 2-4 是火星探测用的小漫游车的例子，它的轮子可以根据地形上下调整高度，提高其稳定性，适合在火星表面运行。

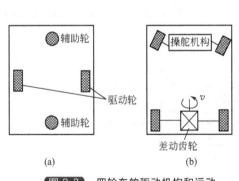

图 2-3　四轮车的驱动机构和运动

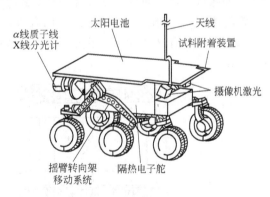

图 2-4　火星探测用小漫游车

(4) 全方位移动车

前面的车轮式移动机构基本是二自由度的，因此不可能简单地实现车体任意的定位和定向。机器人的定位，用四轮构成的车可通过控制各轮的转向角来实现。全方位移动机构能够在保持机体方位不变的前提下沿平面上任意方向移动。有些全方位车轮机构除具备全方位移动能力外，还可以像普通车辆那样改变机体方位。由于这种机构的灵活操控性能，特别适合于窄小空间（通道）中的移动作业。

图 2-5 是一种全轮偏转式全方位移动机构的传动原理图。行走电机 M_1 从运转时，通过蜗杆蜗轮副 5 和锥齿轮副 2 带动车轮 1 转动。当转向电机 M_2 运转时，通过另一对蜗杆蜗轮副 6、齿轮副 9 带动车轮支架 10 适当偏转。当各车轮采取不同的偏转组合，并配以相应的车轮速度后，便能够实现如图 2-6 所示的不同移动方式。

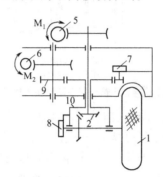

图 2-5　全轮偏转式全方位车轮

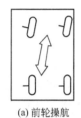

(a) 前轮操航　　(b) 全方位方式　　(c) 四轮操舵　　(d) 原地回转

图 2-6　全轮偏转全方位车辆的移动方式

应用更为广泛的全方位四轮移动机构采用一种称为麦卡纳姆轮（Mecanum weels）的新型车轮。图 2-7(a) 所示为麦卡纳姆车轮的外形，这种车轮由两部分组成，即主动的轮毂和沿轮毂外缘按一定方向均匀分布着的多个被动辊子。当车轮旋转时，轮芯相对于地面的速度 v 是轮毂速度 v_h 与辊子滚动速度 v_r 的合成，v 与 v_h 有一个偏离角 θ，如图 2-7(b) 所示。由于每个车轮均有这个特点，经适当组合后就可以实现车体的全方位移动和原地转向运动，见图 2-8。

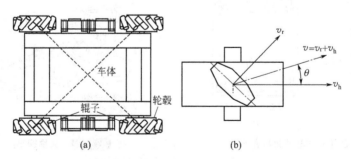

图 2-7　麦卡纳姆车轮及其速度合成

2.2.2　履带式移动机构

履带式机构称为无限轨道方式，其最大特征是将圆环状的无限轨道履带卷绕在多个车轮上，使车轮不直接与路面接触。利用履带可以缓冲路面状态，因此可以在各种路面条件下行走。

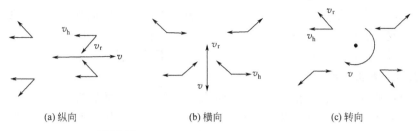

(a) 纵向   (b) 横向   (c) 转向

图 2-8 麦卡纳姆车辆的速度配置和移动方式

履带式移动机构与轮式移动机构相比，有如下特点。

① 支承面积大，接地比压小。适合于松软或泥泞场地进行作业，下陷度小，滚动阻力小，通过性能较好。

② 越野机动性好，爬坡、越沟等性能均优于轮式移动机构。

③ 履带支承面上有履齿，不易打滑，牵引附着性能好，有利于发挥较大的牵引力。

④ 结构复杂，重量大，运动惯性大，减振性能差，零件易损坏。

常见的履带传动机构有拖拉机、坦克等，这里介绍几种特殊的履带结构。

(1) 卡特彼勒(Caterpillar)高架链轮履带机构

高架链轮履带机构是美国卡特彼勒公司开发的一种非等边三角形构形的履带机构，将驱动轮高置，并采用半刚性悬挂或弹件悬挂装置，如图 2-9 所示。

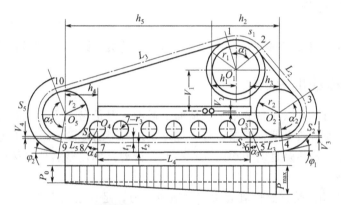

图 2-9 高架链轮履带移动机构

与传统的履带行走机构相比，高架链轮弹性悬挂行走机构具有以下特点。

① 将驱动轮高置，不仅隔离了外部传来的载荷，使所有载荷都由悬挂的摆动机构和枢轴吸收而不直接传给驱动链轮。驱动链轮只承受扭转载荷，而且使其远离地面环境，减少由于杂物带入而引起的链轮齿与链节间的磨损。

② 弹性悬挂行走机构能够保持更多的履带接触地面，使载荷均布。因此，同样机重情况下可以选用尺寸较小的零件。

③ 弹性悬挂行走机构具有承载能力大、行走平稳、噪声小、离地间隙大和附着性好等优点，使机器在不牺牲稳定性的前提下，具有更高的机动灵活性，减少了由于履带打滑而导致的功率损失。

④ 行走机构各零部件检修容易。

(2) 形状可变履带机构

形状可变履带机构指履带的构形可以根据需要进行变化的机构。图 2-10 是一种形状可变履带的外形。它由两条形状可变的履带组成，分别由两个主电机驱动。当两履带速度相同时，实现前进或后退移动；当两履带速度不同时，整个机器实现转向运动。当主臂杆绕履带架上的轴旋转时，带动行星轮转动，从而实现履带的不同构形，以适应不同的移动环境。

(3) 位置可变履带机构

位置可变履带机构指履带相对于机体的位置可以发生改变的履带机构。这种位置的改变可以是一个自由度的，也可以是两个自由度的。图 2-11 所示为一种两自由度的变位履带移动机构。各履带能够绕机体的水平轴线和垂直轴线偏转，从而改变移动机构的整体构形。这种变位履带移动机构集履带机构与全方位轮式机构的优点于一身，当履带沿一个自由度变位时，用于爬越阶梯和跨越沟渠；当沿另一个自由度变位时，可实现车轮的全方位行走方式。

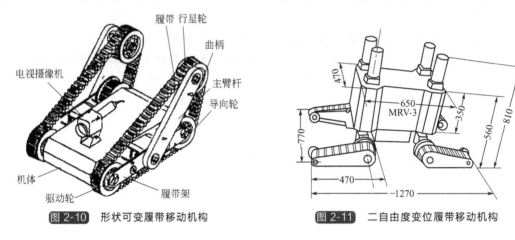

图 2-10　形状可变履带移动机构　　　图 2-11　二自由度变位履带移动机构

2.2.3　腿足式移动机构

履带式移动机构虽可以在高低不平的地面上运动，但是它的适应性不强，行走时晃动较大，在软地面上行驶时效率低。根据调查，地球上近一半的地面不适合于传统的轮式或履带式车辆行走。但是一般的多足动物却能在这些地方行动自如，显然足式移动机构在这样的环境下有独特的优势。

① 足式移动机构对崎岖路面具有很好的适应能力，足式运动方式的立足点是离散的点，可以在可能到达的地面上选择最优的支撑点，而轮式和履带式移动机构必须面临最坏的地形上的几乎所有的点。

② 足式运动方式还具有主动隔振能力，尽管地面高低不平，机身的运动仍然可以相当平稳。

③ 足式行走机构在不平地面和松软地面上的运动速度较高，能耗较少。

现有的足式移动机器人的足数分别为单足、双足、三足和四足、六足、八足甚至更多。足的数目多，适合于重载和慢速运动。实际应用中，由于双足和四足具有最好的适应性和灵活性，也最接近人类和动物，所以用得最多。图 2-12 是日本开发的仿人机器人 ASIMO，图 2-13 所示为机器狗。

2.2.4　其他形式的移动机构

为了特殊的目的，还研发了各种各样的移动机构，例如壁面上吸附式移动机构，蛇形机构等。图 2-14 所示是能在壁面上爬行的机器人，其中图 2-14(a) 是用吸盘交互地吸附在壁面上来移动，图 2-14(b) 所示的滚子是磁铁，壁面一定是磁性材料才行。图 2-15 所示是蛇形机器人。

图 2-12　仿人机器人 ASIMO

图 2-13　机器狗

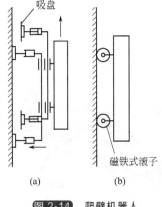

图 2-14　爬壁机器人

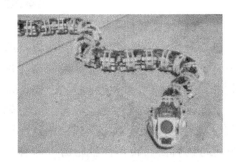

图 2-15　蛇形机器人

2.3 机器人的传动机构

传动机构用来把驱动器的运动传递到关节和动作部位。机器人常用的传动机构有丝杠传动机构、齿轮传动机构、螺旋传动机构、带及链传动、连杆及凸轮传动等。

2.3.1 丝杠传动

机器人传动用的丝杠具备结构紧凑、间隙小和传动效率高等特点。

(1) 滚珠丝杠

滚珠丝杠的丝杠和螺母之间装了很多钢球，丝杠或螺母运动时钢球不断循环，运动得以传递。因此，即使丝杠的导程角很小，也能得到 90% 以上的传动效率。

滚珠丝杠可以把直线运动转换成回转运动，也可以把回转运动转换成直线运动。滚珠丝杠按钢球的循环方式分为钢球管外循环方式、靠螺母内部 S 状槽实现钢球循环的内循环方式和靠螺母上部导引板实现钢球循环的导引板方式，如图 2-16 所示。

由丝杠转速和导程得到的直线进给速度：

$$v = 60ln \tag{2-1}$$

式中，v 为直线运动速度，单位为 m/s；l 为丝杠的导程，单位为 m；n 为丝杠的转速，单位为 r/min。

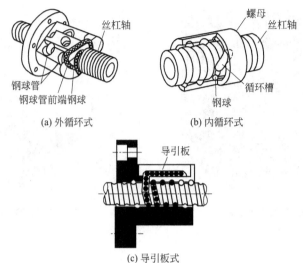

(a) 外循环式　　　　　　　(b) 内循环式

(c) 导引板式

图 2-16　滚珠丝杠的结构

(2) 行星轮式丝杠

已经开发了以高载荷和高刚性为目的的行星轮式丝杠。该丝杠多用于精密机床的高速进给，从高速性和高可靠性来看，也可用在大型机器人的传动，其原理如图 2-17 所示。螺母与丝杠轴之间有与丝杠轴啮合的行星轮，装有 7～8 套行星轮的系杆可在螺母内自由回转，行星轮的中部有与丝杠轴啮合的螺纹，其两侧有与内齿轮啮合的齿。将螺母固定，驱动丝杠轴，行星轮便边自转边相对于内齿轮

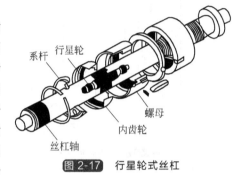

图 2-17　行星轮式丝杠

公转，并使丝杠轴沿轴向移动。行星轮式丝杠具有承载能力大、刚度高和回转精度高等优点，由于采用了小螺距，因而丝杠定位精度也高。

2.3.2　带传动与链传动

带和链传动用于传递平行轴之间的回转运动，或把回转运动转换成直线运动。机器人中的带和链传动分别通过带轮或链轮传递回转运动，有时还用来驱动平行轴之间的小齿轮。

(1) 齿形带传动

如图 2-18 所示，齿形带的传动面上有与带轮啮合的梯形齿。齿形带传动时无滑动，初始张力小，被动轴的轴承不易过载。因无滑动，它除了用做动力传动外还适用于定位。齿形带采用氯丁橡胶做基材，并在中间加入玻璃纤维等伸缩刚性大的材料，齿面上覆盖耐磨性好的尼龙布。用于传递轻载荷的齿形带是用聚氨基甲酸酯制造的。齿的节距用包络带轮的圆节距 p 来表示，表示方法有模数法和英寸法。各种节距的齿形带有不同规格的宽度和长度。设主动轮和被动轮的转速为 n_a 和 n_b，齿数为 z_a 和 z_b，齿形带传动的传动比为：

$$i = \frac{n_b}{n_a} = \frac{z_a}{z_b}$$

设圆节距为 p，齿形带的平均速度为：

$$v = z_a p n_a = z_b p n_b$$

齿形带的传动功率为：

$$P = Fv$$

式中，p 为传动功率，单位为 W；F 为紧边张力，单位为 N，v 为带速度，单位为 m/s。

齿形带传动属于低惯性传动，适合于电动机和高速比减速器之间使用。带上面安上滑座可完成与齿轮齿条机构同样的功能。由于它惯性小，且有一定的刚度，因此适合于高速运动的轻型滑座。

(2) 滚子链传动

滚子链传动属于比较完善的传动机构，由于噪声小，效率高，因此得到了广泛的应用。但是，高速运动时滚子与链轮之间的碰撞，产生较大的噪声和振动，只有在低速时才能得到满意的效果，即适合于低惯性载荷的关节传动。链轮齿数少，摩擦力会增加，要得到平稳运动，链轮的齿数应大于 17，并尽量采用奇数个齿。

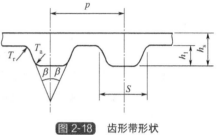

图 2-18　齿形带形状

2.3.3　齿轮传动机构

(1) 齿轮的种类

齿轮靠均匀分布在轮边上的齿的直接接触来传递力矩。通常，齿轮的角速度比和轴的相对位置都是固定的。因此，轮齿以接触柱面为节面，等间隔地分布在圆周上。随轴的相对位置和运动方向的不同，齿轮有多种类型，其中主要的类型如图 2-19 所示。

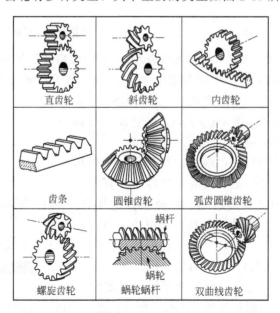

直齿轮	斜齿轮	内齿轮
齿条	圆锥齿轮	弧齿圆锥齿轮
螺旋齿轮	蜗轮蜗杆	双曲线齿轮

图 2-19　齿轮的类型

(2) 各种齿轮的结构及特点

① 直齿圆柱齿轮　直齿圆柱齿轮是最常用的齿轮之一。通常，齿轮两齿啮合处的齿面

之间存在间隙，称为齿隙（见图 2-20）。为弥补齿轮制造误差和齿轮运动中温升引起的热膨胀的影响，要求齿轮传动有适当的齿隙，但频繁正反转的齿轮齿隙应限制在最小范围之内。齿隙可通过减小齿厚或拉大中心距来调整。无齿隙的齿轮啮合叫无齿隙啮合。

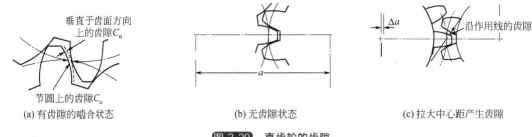

(a) 有齿隙的啮合状态　　　　　(b) 无齿隙状态　　　　　(c) 拉大中心距产生齿隙

图 2-20　直齿轮的齿隙

② 斜齿轮　如图 2-21 所示，斜齿轮的齿带有扭曲。它与直齿轮相比具有强度高、重叠系数大和噪声小等优点。斜齿轮传动时会产生轴向力，所以应采用止推轴承或成对地布置斜齿轮，见图 2-22。

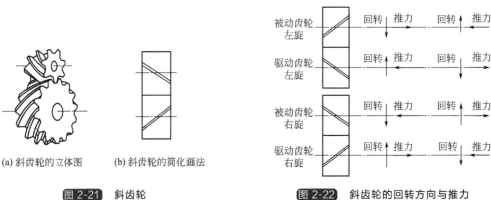

(a) 斜齿轮的立体图　　(b) 斜齿轮的简化画法

图 2-21　斜齿轮

图 2-22　斜齿轮的回转方向与推力

③ 伞齿轮　伞齿轮用于传递相交轴之间的运动，以两轴相交点为顶点的两圆锥面为啮合面，见图 2-23。齿向与节圆锥直母线一致的称直齿伞齿轮，齿向在节圆锥切平面内呈曲线的称弧齿伞齿轮。直齿伞齿轮用于节圆圆周速度低于 5m/s 的场合，弧齿伞齿轮用于节圆圆周速度大于 5m/s 或转速高于 1000r/min 的场合，还用在要求低速平滑回转的场合。

④ 蜗轮蜗杆　蜗轮蜗杆传动装置由蜗杆和与蜗杆相啮合的蜗轮组成。蜗轮蜗杆能以大减速比传递垂直轴之间的运动。鼓形蜗轮用在大负荷和大重叠系数的场合。蜗轮蜗杆传动与其他齿轮传动相比具有噪声小、回转轻便和传动比大等优点，缺点是其齿隙比直齿轮和斜齿轮大，齿面之间摩擦大，因而传动效率低。

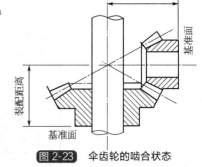

图 2-23　伞齿轮的啮合状态

基于上述各种齿轮的特点，齿轮传动可分为如图 2-24 所示的类型。根据主动轴和被动轴之间的相对位置和转向可选用相应的类型。

(3) 齿轮传动机构的速比

① 最优速比　输出力矩有限的原动机要在短时间内加速负载，要求其齿轮传动机构的速比 u 为最优。

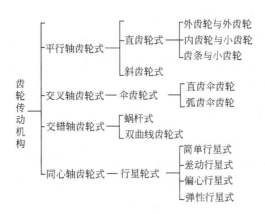

图 2-24 齿轮传动的类型

u 可由下式求出：

$$u = \sqrt{\dfrac{J_a}{J_m}}$$

式中，J_a 为工作臂的惯性矩，J_m 为电机的惯性矩。

② 传动级数及速比的分配 要求大速比时应采用多级传动。传动级数和速比的分配是根据齿轮的种类、结构和速比关系来确定的。通常的传动级数和速比关系如图 2-25 所示。

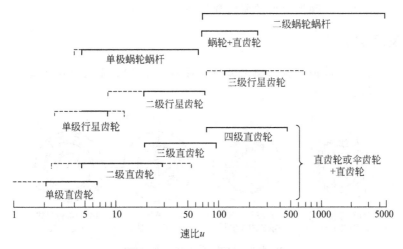

图 2-25 齿轮传动的级数与速比关系

（4）行星齿轮减速器

行星齿轮减速器大体上分为 S-C-P、3S（3K）、2S-C（2K-H）三类，结构如图 2-26 所示。

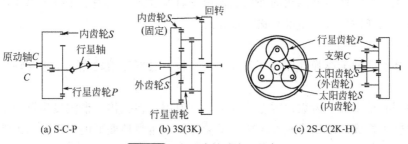

(a) S-C-P　　　　　(b) 3S(3K)　　　　　(c) 2S-C(2K-H)

图 2-26 行星齿轮减速器形式

a. S-C-P（K-H-V）式行星齿轮减速器。S-C-P 由齿轮、行星齿轮和行星齿轮支架组成。行星齿轮的中心和内齿轮中心之间有一定偏距，仅部分齿参加啮合。曲柄轴与输入轴相连，行星齿轮绕内齿轮，边公转边自转。行星齿轮公转一周时，行星齿轮反向自转的转速取决于行星齿轮和内齿轮之间的齿数差。

行星齿轮为输出轴时传动比为 $i = \dfrac{Z_s - Z_p}{Z_p}$

式中，Z_s 为内齿轮（太阳齿轮）的齿数；Z_p 为行星齿轮的齿数。

b. 3S 式行星齿轮减速器。3S 式减速器的行星齿轮与两个内齿轮同时啮合，还绕太阳齿轮（外齿轮）公转。两个内齿轮中，固定一个时另一个齿轮可以转动，并可与输出轴相连接。这种减速器的传动比取决于两个内齿轮的齿数差。

c. 2S-C 式行星齿轮减速器。2S-C 式由两个太阳齿轮（外齿轮和内齿轮）、行星齿轮和支架组成。内齿轮和外齿轮之间夹着 2～4 个相同的行星齿轮，行星齿轮同时与外齿轮和内齿轮啮合。支架与各行星齿轮的中心相连接，行星齿轮公转时迫使支架绕中心轮轴回转。

上述行星齿轮机构中，若内齿轮 Z_s 和行星齿轮的齿数 Z_p 之差为 1，可得到最大减速比 $i = 1/Z_p$，但容易产生齿顶的相互干涉，这个问题可由下述方法解决：

① 利用圆弧齿形或钢球；

② 齿数差设计成 2；

③ 行星齿轮采用可以弹性变形的薄椭圆状（谐波传动）。

2.3.4 谐波传动机构

如图 2-27 所示，谐波传动机构由谐波发生器（图中 1）、柔轮（图中 2）和刚轮（图中 3）三个基本部分组成。

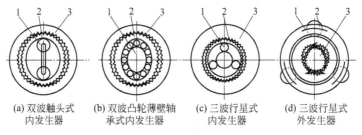

(a) 双波触头式　　(b) 双波凸轮薄壁轴　　(c) 三波行星式　　(d) 三波行星式
内发生器　　承式内发生器　　内发生器　　外发生器

1—谐波发生器；2—柔轮；3—刚轮

图 2-27 谐波传动机构的组成和类型

(1) 谐波发生器

谐波发生器是在椭圆型凸轮的外周嵌入薄壁轴承制成的部件。轴承内圈固定在凸轮上，外圈靠钢球发生弹性变形，一般与输入轴相连。

(2) 柔轮

柔轮是杯状薄壁金属弹性体，杯口外圆切有齿，底部称柔轮底，用来与输出轴相连。

(3) 刚轮

刚轮内圆有很多齿，齿数比柔轮多两个，一般固定在壳体。谐波发生器通常采用凸轮或偏心安装的轴承构成。刚轮为刚性齿轮，柔轮为能产生弹性变形的齿轮。当谐波发生器连续旋转时，产生的机械力使柔轮变形的过程形成了一条基本对称的和谐曲线。发生器波数表示发生器转一周时，柔轮某一点变形的循环次数。其工作原理是：当谐波发生器在柔轮内旋转时，迫使柔轮发生变形，同时进入或退出刚轮的齿间。在发生器的短轴方向，刚轮与柔轮的齿间处于啮入或啮出的过程，伴随着发生器的连续转动，齿间的啮合状态依次发生变化，即啮入-啮合-啮出-脱开-啮入的变化过程。这种错齿运动把输入运动变为输出的减速运动。

谐波传动速比的计算与行星传动速比计算一样。如果刚轮固定，谐波发生器 w_1 为输入，柔轮 w_2 为输出，则速比 $i_{12} = \dfrac{\omega_1}{\omega_2} = -\dfrac{z_r}{z_g - z_r}$。如果柔轮静止，谐波发生器 w_1 为输入，刚轮 w_3 为输出，则速比 $i_{13} = \dfrac{\omega_1}{\omega_3} = \dfrac{z_g}{z_g - z_r}$，其中，$z_r$ 为柔轮齿数；z_g 为刚轮齿数。

柔轮与刚轮的轮齿周节相等，齿数不等，一般取双波发生器的齿数差为 2，三波发生器齿数差为 3。双波发生器在柔轮变形时所产生的应力小，容易获得较大的传动比。三波发生器在柔轮变形所需要的径向力大，传动时偏心变小，适用于精密分度。通常推荐谐波传动最小齿数在齿数差为 2 时，$z_{min} = 150$，齿数差为 3 时，$z_{min} = 225$。

谐波传动的特点是结构简单、体积小、重量轻、传动精度高、承载能力大、传动比大，且具有高阻尼特性。但柔轮易疲劳，扭转刚度低，且易产生振动。

此外，也有采用液压静压波发生器和电磁波发生器的谐波传动机构，图 2-28 为采用液压静压波发生器的谐波传动示意图。凸轮 1 和柔轮 2 之间不直接接触，在凸轮 1 上的小孔 3 与柔轮内表面有大约 0.1mm 的间隙。高压油从小孔 3 喷出，使柔轮产生变形波，从而产生减速驱动谐波传动，因为油具有很好的冷却作用，能提高传动速度。此外还有利用电磁波原理波发生器的谐波传动机构。

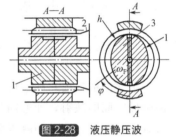

图 2-28　液压静压波发生器谐波传动

谐波传动机构在机器人中已得到广泛应用。美国送到月球上的机器人，前苏联送上月球的移动式机器人"登月者"，德国大众汽车公司研制的 Rohren、GerotR30 型机器人和法国雷诺公司研制的 Vertical80 型等机器人都采用了谐波传动机构。

2.3.5　连杆与凸轮传动

重复完成简单动作的搬运机器人（固定程序机器人）中广泛采用杆、连杆与凸轮机构。例如，从某位置抓取物体放在另一位置上的作业。连杆机构的特点是用简单的机构可得到较大的位移，而凸轮机构具有设计灵活、可靠性高和形式多样等特点。外凸轮机构是最常见的机构，它借助于弹簧可得到较好的高速性能。内凸轮驱动时要求有一定的间隙，其高速性能劣于前者。圆柱凸轮用于驱动摆杆，而摆杆在与凸轮回转方向平行的面内摆动。如图 2-29、图 2-30 所示。

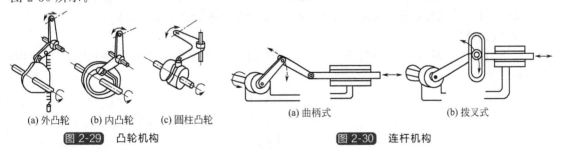

(a) 外凸轮　　(b) 内凸轮　　(c) 圆柱凸轮

图 2-29　凸轮机构

(a) 曲柄式　　　　　　(b) 拨叉式

图 2-30　连杆机构

第**3**章
机器人的运动学

为了控制工业机器人（机械臂）的运动，首先需要在机器人中建立相应的坐标系。在工业机器人（机械臂）中，描述机器人关节运动的坐标系称为关节坐标系，描述机器人末端位置和姿态的坐标系称为笛卡儿坐标系。机器人运动学主要研究机器人各个坐标系之间的运动关系，是机器人进行运动控制的基础。

机器人运动学研究包含两类问题：一类是由机器人关节坐标系的坐标到机器人末端的位置与姿态之间的映射，即正向问题；另一类是由机器人末端的位置与姿态到机器人关节坐标系的坐标之间的映射，即逆向问题。显然，正问题的解简单且唯一，逆问题的解是复杂的，而且具有多解性。这给问题求解带来困难，往往需要一些技巧与经验。

目前，工业机器人（机械臂）主要考虑的是关节运动学和动力学的控制问题。然而，移动机器人是一个独立的自动化系统，它能相对于环境整体地移动，其工作空间定义了在移动机器人的环境中，它能实现的可能姿态的范围。由于移动机器人独立和移动的本质，没有一个直接的方法可以瞬时测量出移动机器人的位置，而必须随时将机器人的运动集成，以间接获取机器人的位置。因此，移动机器人主要考虑的是质点运动学和动力学控制问题。从机械和数学本质上来说，它们是不同的。

3.1 位置与姿态的描述

机器人是由一个个关节连接起来的多刚体，每个关节有其驱动伺服单元。因此，每个关节的运动都在各自的关节坐标系度量，而且每关节的运动对机器人末端执行器的位置与姿态都做出贡献。为了研究各关节运动对机器人位置与姿态的影响，需要一种用以描述刚体位移、速度和加速度以及动力学问题的有效而又简便的数学方法。下面建立这些概念及其表示法。

(1) 位置描述

对于直角坐标系 $\{A\}$，空间任一点 p 的位置可用位置矢量 ^{A}p 表示，见图 3-1。^{A}p 的列矢量形式为

$$^{A}p = \begin{bmatrix} p_x \\ p_y \\ p_z \end{bmatrix} \tag{3-1}$$

其中，^{A}p 的上标 A 代表参考坐标系 $\{A\}$；p_x，p_y，p_z 是点 p 在坐标系 $\{A\}$ 中的三个坐标分量。

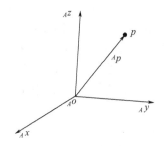

图 3-1 位置表示

(2) 姿态描述

为了描述机器人的运动状况，不仅要确定机器人某关节或末端执行器的位置，而且需要确定机器人的姿态。机器人的姿态可以通过固接于此机器人的坐标系来描述。例如，为了确定机器人某关节 B 的姿态，设置一直角坐标系 $\{B\}$ 与此关节固接，用坐标系 $\{B\}$ 的三个单位主矢量 $_Bx$，$_By$，$_Bz$ 相对于参考坐标系 $\{A\}$ 的方向余弦组成的 3×3 矩阵来表示此关节 B 相对于坐标系 $\{A\}$ 的姿态，即

$$_B^AR=[_B^Ax\ _B^Ay\ _B^Az]=\begin{bmatrix} r_{11} & r_{12} & r_{13} \\ r_{21} & r_{22} & r_{23} \\ r_{31} & r_{32} & r_{33} \end{bmatrix}=\begin{bmatrix} \cos\alpha_x & \cos\alpha_y & \cos\alpha_z \\ \cos\beta_x & \cos\beta_y & \cos\beta_z \\ \cos\gamma_x & \cos\gamma_y & \cos\gamma_z \end{bmatrix} \tag{3-2}$$

式中，$_B^AR$ 称为旋转矩阵，上标 A 代表参考坐标系 $\{A\}$，下标 B 代表被描述的坐标系 $\{B\}$，α 是 ^Ap 与 x 轴的夹角，β 是 ^Ap 与 y 轴的夹角，γ 是 ^Ap 与 z 轴的夹角。

旋转矩阵 $_B^AR$ 的三个列矢量 $_Bx$，$_By$，$_Bz$ 都是单位矢量，且两两垂直，因此满足条件

$$_B^Ax_B^Ax=_B^Ay_B^Ay=_B^Az_B^Az=1 \tag{3-3}$$

$$_B^Ax_B^Ay=_B^Ay_B^Az=_B^Az_B^Ax=0 \tag{3-4}$$

$$_B^AR^{-1}=_B^AR^{\mathrm{T}};\ |_B^AR|=1 \tag{3-5}$$

式中，上标 T 表示转置。

对应于 x，y，z 轴作转角为 θ 的旋转变换，其旋转矩阵分别为

$$R(x,\theta)=\begin{bmatrix} 1 & 0 & 0 \\ 0 & c\theta & -s\theta \\ 0 & s\theta & -c\theta \end{bmatrix} \tag{3-6}$$

$$R(y,\theta)=\begin{bmatrix} c\theta & 0 & s\theta \\ 0 & 1 & 0 \\ -s\theta & 0 & c\theta \end{bmatrix} \tag{3-7}$$

$$R(z,\theta)=\begin{bmatrix} c\theta & -s\theta & 0 \\ s\theta & c\theta & 0 \\ 0 & 0 & 1 \end{bmatrix} \tag{3-8}$$

式中，s 表示 sin，c 表示 cos。

图 3-2 表示机器人末端执行器的姿态。此末端执行器与坐标系 $\{B\}$ 固接，并相对于参

考坐标系 {A} 运动。

(3) 位姿描述

为了完全描述机器人某关节 B 在空间的位姿，通常将机器人某关节 B 与某一坐标系 {B} 相固接。{B} 的坐标原点一般选在机器人某关节 B 的特征点上，如质心或对称中心等。相对参考系 {A}，坐标系 {B} 的原点位置和坐标轴的姿态，分别由位置矢量 ${}_B^A\boldsymbol{p}$ 和旋转矩阵 ${}_B^AR$ 描述。则机器人某关节 B 的位姿可由坐标系 {B} 来描述，即有

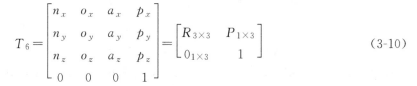

图 3-2　方位表示

$$\{B\} = \{{}_B^AR\ {}_B^A\boldsymbol{p}\} \tag{3-9}$$

当表示位置时，式(3-9)中的旋转矩阵 ${}_B^AR = I$（单位矩阵）；当表示姿态时，式(3-9)中的位置矢量 ${}_B^A\boldsymbol{p} = 0$。

(4) 机械手的位姿描述

图 3-3 表示机器人的一个机械手。为了描述它的位姿，选定一个参考坐标系 {A}，另规定一机械手坐标系 {T}。如果把所描述的坐标系 {T} 的原点置于机械手指尖的中心，此原点由矢量 $\boldsymbol{p}$ 表示。描述机械手方向的三个单位矢量的指向如下：z 向矢量处于机械手接近物体的方向上，并称之为接近矢量 $\boldsymbol{a}$；y 向矢量的方向从一个指尖指向另一个指尖，称为方向矢量 $\boldsymbol{o}$；x 向矢量的方向根据与矢量 $\boldsymbol{o}$ 和 $\boldsymbol{a}$ 构成的右手定则确定：$\boldsymbol{n} = \boldsymbol{o} \times \boldsymbol{a}$，并称为法线矢量 $\boldsymbol{n}$。因此，机械手相对于基坐标的变换 T_6 具有下列元素

$$T_6 = \begin{bmatrix} n_x & o_x & a_x & p_x \\ n_y & o_y & a_y & p_y \\ n_z & o_z & a_z & p_z \\ 0 & 0 & 0 & 1 \end{bmatrix} = \begin{bmatrix} R_{3\times3} & P_{1\times3} \\ 0_{1\times3} & 1 \end{bmatrix} \tag{3-10}$$

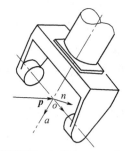

图 3-3　矢量 $\boldsymbol{n}$、$\boldsymbol{o}$、$\boldsymbol{a}$ 和 $\boldsymbol{p}$

其中，$R_{3\times3}$ 表示了机器人的姿态，$P_{1\times3}$ 代表机械手的位置。因此，T_6 同时描述了机器人的位置和姿态。

显然，每关节的运动都对机器人末端执行器的位置和姿态产生影响。每个关节的运动是在其各自的坐标系下度量，如何将这度量结果表示在相邻的坐标系中，这就需要坐标变换。

3.2　坐标变换

坐标变换是用来阐明空间任意点 p 从一个坐标系描述到另一个坐标系描述之间的映射关系。

(1) 坐标平移

设坐标系 $\{B\}$ 与 $\{A\}$ 具有相同的姿态，但 $\{B\}$ 坐标系的原点与 $\{A\}$ 的原点不重合。用位置矢量 ${}_B^A\boldsymbol{p}$ 描述 $\{B\}$ 相对于 $\{A\}$ 的位置，称 ${}_B^A\boldsymbol{p}$ 为 $\{B\}$ 相对于 $\{A\}$ 的平移矢量，如图 3-4 所示。如果点 p 在坐标系 $\{B\}$ 中的位置为 ${}^B\boldsymbol{p}$，那么它相对于坐标系 $\{A\}$ 的位置矢量 ${}^A\boldsymbol{p}$ 由矢量相加可得

$$^A\boldsymbol{p} = {}^B\boldsymbol{p} + {}_B^A\boldsymbol{p} \tag{3-11}$$

上式即为坐标平移方程。

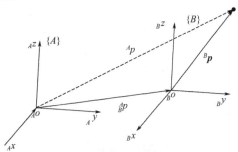

图 3-4　平移变换

(2) 坐标旋转

设坐标系 $\{B\}$ 与 $\{A\}$ 有共同的坐标原点，但两者的姿态不同，如图 3-5 所示。用旋转矩阵 ${}_B^A R$ 描述 $\{B\}$ 相对于 $\{A\}$ 的姿态。同一点 p 在两个坐标系 $\{A\}$ 和 $\{B\}$ 中的描述 ${}^A\boldsymbol{p}$ 和 ${}^B\boldsymbol{p}$ 具有如下变换关系：

$$^A\boldsymbol{p} = {}_B^A R\,{}^B\boldsymbol{p} \tag{3-12}$$

上式即为坐标旋转方程。

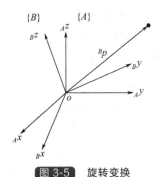

图 3-5　旋转变换

假设坐标系 $\{A\}$ 旋转 θ 角得到坐标系 $\{B\}$，则式(3-11)可以具体描述成下式

$$\begin{bmatrix} {}^A p_x \\ {}^A p_y \\ {}^A p_z \end{bmatrix} = \begin{bmatrix} c\theta & -s\theta & 0 \\ s\theta & c\theta & 0 \\ 0 & 0 & 1 \end{bmatrix} \begin{bmatrix} {}^B p_x \\ {}^B p_y \\ {}^B p_z \end{bmatrix} \tag{3-13}$$

可以类似地用 ${}_A^B R$ 描述坐标系 $\{A\}$ 相对于 $\{B\}$ 的方位。${}_B^A R$ 和 ${}_A^B R$ 都是正交矩阵，两者互逆。根据正交矩阵的性质，可得

$$_A^B R = {}_B^A R^{-1} = {}_B^A R^{\mathrm{T}} \tag{3-14}$$

(3) 复合变换

设坐标系 $\{B\}$ 与坐标系 $\{A\}$ 的原点不重合，姿态也不相同。用位置矢量 ${}_B^A\boldsymbol{p}$ 描述

$\{B\}$ 的坐标原点相对于 $\{A\}$ 的位置；用旋转矩阵 ${}_B^A R$ 描述 $\{B\}$ 相对于 $\{A\}$ 的姿态，如图 3-6 所示。对于任一点 p 在两坐标系 $\{A\}$ 和 $\{B\}$ 中的描述 ${}^A p$ 和 ${}^B p$ 具有以下变换关系

$$^A\boldsymbol{p} = {}_B^A R{}^B\boldsymbol{p} + {}_B^A\boldsymbol{p} \tag{3-15}$$

上式即为坐标旋转和坐标平移的复合变换。

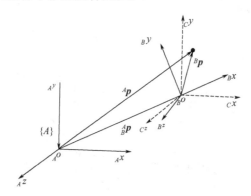

图 3-6　复合变换

如果规定一个过渡坐标系 $\{C\}$，使 $\{C\}$ 的坐标原点与 $\{B\}$ 的原点重合，而 $\{C\}$ 的姿态与 $\{A\}$ 的相同。根据式(3-13)可得向过渡坐标系的旋转变换

$$^C\boldsymbol{p} = {}_B^C R{}^B\boldsymbol{p} = {}_B^A R{}^B\boldsymbol{p} \tag{3-16}$$

再由式(3-12)的平移变换，可得复合变换

$$^A\boldsymbol{p} = {}^C\boldsymbol{p} + {}_C^A\boldsymbol{p} = {}_B^A R{}^B\boldsymbol{p} + {}_B^A\boldsymbol{p} \tag{3-17}$$

【例 3-1】 已知坐标系 $\{B\}$ 的初始位姿与 $\{A\}$ 重合，它按如下顺序完成转动和移动：①相对于坐标系 $\{A\}$ 的 z 轴旋转 $30°$；②沿 $\{A\}$ 的 x 轴移动 6 个单位；③沿 $\{A\}$ 的 y 轴移动 3 个单位。求位置矢量 ${}_B^A\boldsymbol{p}$ 和旋转矩阵 ${}_B^A R$。假设点 p 在坐标系 $\{B\}$ 的位置矢量 ${}^B\boldsymbol{p} = [1, 2, 0]^T$，求它在坐标系 $\{A\}$ 中的描述 ${}^A\boldsymbol{p}$。

解：根据式(3-2)，可得 ${}_B^A R$ 和 ${}_B^A\boldsymbol{p}$ 分别为

$$_B^A R = R(z, 30°) = \begin{bmatrix} c30° & -s30° & 0 \\ s30° & c30° & 0 \\ 0 & 0 & 1 \end{bmatrix} = \begin{bmatrix} 0.866 & -0.5 & 0 \\ 0.5 & 0.866 & 0 \\ 0 & 0 & 1 \end{bmatrix}; {}_B^A\boldsymbol{p} = \begin{bmatrix} 6 \\ 3 \\ 0 \end{bmatrix} \tag{3-18}$$

由式(3-15)，则得

$$^A\boldsymbol{p} = {}_B^A R{}^B\boldsymbol{p} + {}_B^A\boldsymbol{p} = \begin{bmatrix} -0.134 \\ 2.232 \\ 0 \end{bmatrix} + \begin{bmatrix} 6 \\ 3 \\ 0 \end{bmatrix} = \begin{bmatrix} 5.866 \\ 5.232 \\ 0 \end{bmatrix} \tag{3-19}$$

3.3　齐次坐标变换

齐次坐标表示法是以 $(N+1)$ 维矢量来表达 N 维位置矢量的方法。它不仅使坐标变换的数学表达更为方便，而且也具有坐标值缩放的实际意义。

(1) 齐次坐标变换

空间某点 p 的直角坐标描述和齐次坐标描述分别为

$$p = \begin{bmatrix} x \\ y \\ z \end{bmatrix} \tag{3-20}$$

$$p' = \begin{bmatrix} wx \\ wy \\ wz \\ w \end{bmatrix} \tag{3-21}$$

式中，w 为非零常数，是一坐标比例系数。

坐标原点的矢量，即零矢量表示为 $[0，0，0，1]^T$。矢量 $[0，0，0，0]^T$ 是没有定义的。具有形如 $[a，b，c，0]^T$ 的矢量表示无限远矢量，用来表示方向，即用 $[1，0，0，0]$，$[0，1，0，0]$，$[0，0，1，0]$ 分别表示 $x，y$ 和 z 轴的方向。

将变换式(3-15) 表示成等价的齐次坐标形式

$$\begin{bmatrix} {}^A\boldsymbol{p} \\ 1 \end{bmatrix} = \begin{bmatrix} {}^A_B R & {}^A_B\boldsymbol{p} \\ 0 & 1 \end{bmatrix} \begin{bmatrix} {}^B\boldsymbol{p} \\ 1 \end{bmatrix} \tag{3-22}$$

式中，4×1 的列矢量表示三维空间的点，称为点的齐次坐标，仍然记为 ${}^A\boldsymbol{p}$ 或 ${}^B\boldsymbol{p}$。变换式(3-15) 和式(3-22) 是等价的。实质上，式(3-22) 可写成

$$ {}^A\boldsymbol{p} = {}^A_B R {}^B\boldsymbol{p} + {}^A_B\boldsymbol{p} ; 1 = 1 \tag{3-23}$$

位置矢量 ${}^A\boldsymbol{p}$ 和 ${}^B\boldsymbol{p}$ 到底是 3×1 的直角坐标还是 4×1 的齐次坐标，要根据上下文关系而定。

把式(3-23) 写成矩阵形式

$$ {}^A\boldsymbol{p} = {}^A_B T {}^B\boldsymbol{p} \tag{3-24}$$

式中，齐次坐标 ${}^A\boldsymbol{p}$ 和 ${}^B\boldsymbol{p}$ 是 4×1 的列矢量，与式(3-15) 中的维数不同，加入了第 4 个元素 1。齐次变换矩阵 ${}^A_B T$ 是 4×4 的方阵，表示了平移变换和旋转变换，具有如下形式

$$ {}^A_B T = \begin{bmatrix} {}^A_B R & {}^A_B\boldsymbol{p} \\ 0 & 1 \end{bmatrix} \tag{3-25}$$

(2) 平移齐次坐标变换

由矢量 $a\boldsymbol{i} + b\boldsymbol{j} + c\boldsymbol{k}$ 来描述空间某点，其中 $\boldsymbol{i}$、$\boldsymbol{j}$、$\boldsymbol{k}$ 为轴 x、y、z 上的单位矢量。此点也可用平移齐次坐标变换表示为

$$\text{Trans}(a,b,c) = \begin{bmatrix} 1 & 0 & 0 & a \\ 0 & 1 & 0 & b \\ 0 & 0 & 1 & c \\ 0 & 0 & 0 & 1 \end{bmatrix} \tag{3-26}$$

其中，Trans 表示平移变换。

对已知矢量 $\boldsymbol{u} = [x，y，z，w]^T$ 进行平移变换所得的矢量 $\boldsymbol{v}$ 为

$$\boldsymbol{v} = \begin{bmatrix} 1 & 0 & 0 & a \\ 0 & 1 & 0 & b \\ 0 & 0 & 1 & c \\ 0 & 0 & 0 & 1 \end{bmatrix} \begin{bmatrix} x \\ y \\ z \\ w \end{bmatrix} = \begin{bmatrix} x + aw \\ y + bw \\ z + cw \\ w \end{bmatrix} = \begin{bmatrix} x/w + a \\ y/w + b \\ z/w + c \\ 1 \end{bmatrix} w \tag{3-27}$$

因为用非零常数乘以变换矩阵的每个元素，不改变该矩阵的特性，所以可把此变换看作矢量 $(x/w)\boldsymbol{i} + (y/w)\boldsymbol{j} + (z/w)\boldsymbol{k}$ 与矢量 $a\boldsymbol{i} + b\boldsymbol{j} + c\boldsymbol{k}$ 之和。

【例 3-2】 求矢量 $5\boldsymbol{i}+3\boldsymbol{j}+9\boldsymbol{k}$ 被矢量 $4\boldsymbol{i}-3\boldsymbol{j}+8\boldsymbol{k}$ 平移变换所得到的点矢量。

解：由式(3-27)可得

$$\boldsymbol{v}=\begin{bmatrix}1 & 0 & 0 & 4\\ 0 & 1 & 0 & -3\\ 0 & 0 & 1 & 8\\ 0 & 0 & 0 & 1\end{bmatrix}\begin{bmatrix}5\\ 3\\ 9\\ 1\end{bmatrix}=\begin{bmatrix}9\\ 0\\ 17\\ 1\end{bmatrix} \tag{3-28}$$

(3) 旋转齐次坐标变换

对应于轴 x，y，z 作转角为 θ 的旋转变换，由式(3-6)～式(3-8)中的矩阵进行增广，即可得

$$\mathrm{Rot}(x,\theta)=\begin{bmatrix}1 & 0 & 0 & 0\\ 0 & \mathrm{c}\theta & -\mathrm{s}\theta & 0\\ 0 & \mathrm{s}\theta & \mathrm{c}\theta & 0\\ 0 & 0 & 0 & 1\end{bmatrix} \tag{3-29}$$

$$\mathrm{Rot}(y,\theta)=\begin{bmatrix}\mathrm{c}\theta & 0 & \mathrm{s}\theta & 0\\ 0 & 1 & 0 & 0\\ -\mathrm{s}\theta & 0 & \mathrm{c}\theta & 0\\ 0 & 0 & 0 & 1\end{bmatrix} \tag{3-30}$$

$$\mathrm{Rot}(z,\theta)=\begin{bmatrix}\mathrm{c}\theta & -\mathrm{s}\theta & 0 & 0\\ \mathrm{s}\theta & \mathrm{c}\theta & 0 & 0\\ 0 & 0 & 1 & 0\\ 0 & 0 & 0 & 1\end{bmatrix} \tag{3-31}$$

式中，Rot 表示旋转变换。

【例 3-3】 已知点 $\boldsymbol{u}=7\boldsymbol{i}+3\boldsymbol{j}+2\boldsymbol{k}$，求①$\boldsymbol{u}$ 绕 z 轴旋转 $90°$ 后的点矢量 $\boldsymbol{v}$ 和点矢量 $\boldsymbol{v}$ 绕 y 轴旋转 $90°$ 后的点矢量 w，见图 3-7(a)；②$\boldsymbol{u}$ 先绕 y 轴旋转 $90°$，后绕 z 轴旋转 $90°$ 后的点矢量 $\boldsymbol{w}_1$，见图 3-7(b)。

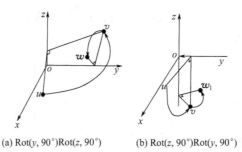

(a) Rot(y, 90°)Rot(z, 90°)　　(b) Rot(z, 90°)Rot(y, 90°)

图 3-7　旋转次序对变换结果的影响

解：①由 $\theta=90°$，可得 $\sin\theta=1$，$\cos\theta=0$。

由式(3-31)有

$$\mathrm{Rot}(z,90°)=\begin{bmatrix}0 & -1 & 0 & 0\\ 1 & 0 & 0 & 0\\ 0 & 0 & 1 & 0\\ 0 & 0 & 0 & 1\end{bmatrix} \tag{3-32}$$

u 点绕 z 轴旋转 $90°$ 后到 $\boldsymbol{v}$ 点，则 $\boldsymbol{v}$ 点坐标为

$$\boldsymbol{v} = \begin{bmatrix} 0 & -1 & 0 & 0 \\ 1 & 0 & 0 & 0 \\ 0 & 0 & 1 & 0 \\ 0 & 0 & 0 & 1 \end{bmatrix} \begin{bmatrix} 7 \\ 3 \\ 2 \\ 1 \end{bmatrix} = \begin{bmatrix} -3 \\ 7 \\ 2 \\ 1 \end{bmatrix} \tag{3-33}$$

将 $\boldsymbol{v}$ 点绕 y 轴旋转 $90°$ 到达 $\boldsymbol{w}$ 点，如图 3-7(a) 所示。$\boldsymbol{w}$ 点位置为

$$\boldsymbol{w} = \mathrm{Rot}(y, 90°)\boldsymbol{v} \tag{3-34}$$

由式(3-30) 和式(3-33) 可得

$$\boldsymbol{w} = \begin{bmatrix} 0 & 0 & 1 & 0 \\ 0 & 1 & 0 & 0 \\ -1 & 0 & 0 & 0 \\ 0 & 0 & 0 & 1 \end{bmatrix} \begin{bmatrix} -3 \\ 7 \\ 2 \\ 1 \end{bmatrix} = \begin{bmatrix} 2 \\ 7 \\ 3 \\ 1 \end{bmatrix} \tag{3-35}$$

如果把上述两旋转变换 $\boldsymbol{v} = \mathrm{Rot}(z, 90°)\boldsymbol{u}$ 与 $\boldsymbol{w} = \mathrm{Rot}(y, 90°)\boldsymbol{v}$ 组合在一起，那么可得下式

$$\boldsymbol{w} = \mathrm{Rot}(y, 90°)\mathrm{Rot}(z, 90°)\boldsymbol{u} \tag{3-36}$$

因为

$$\mathrm{Rot}(y, 90°)\mathrm{Rot}(z, 90°) = \begin{bmatrix} 0 & 0 & 1 & 0 \\ 1 & 0 & 0 & 0 \\ 0 & 1 & 0 & 0 \\ 0 & 0 & 0 & 1 \end{bmatrix} \tag{3-37}$$

所以可得

$$\boldsymbol{w} = \begin{bmatrix} 0 & 0 & 1 & 0 \\ 1 & 0 & 0 & 0 \\ 0 & 1 & 0 & 0 \\ 0 & 0 & 0 & 1 \end{bmatrix} \begin{bmatrix} 7 \\ 3 \\ 2 \\ 1 \end{bmatrix} = \begin{bmatrix} 2 \\ 7 \\ 3 \\ 1 \end{bmatrix} \tag{3-38}$$

所得结果与前述相同。

② 如果改变旋转次序，首先使 u 绕 y 轴旋转 $90°$，然后绕 z 轴旋转 $90°$，那么就会使 u 变换至与 $\boldsymbol{w}$ 不同的位置 $\boldsymbol{w}_1$，见图 3-7(b)。

$$\boldsymbol{w}_1 = \mathrm{Rot}(z, 90°)\mathrm{Rot}(y, 90°)\boldsymbol{u}$$

$$= \begin{bmatrix} 0 & -1 & 0 & 0 \\ 0 & 0 & 1 & 0 \\ -1 & 0 & 0 & 0 \\ 0 & 0 & 0 & 1 \end{bmatrix} \begin{bmatrix} 7 \\ 3 \\ 2 \\ 1 \end{bmatrix} = \begin{bmatrix} -3 \\ 2 \\ -7 \\ 1 \end{bmatrix} \tag{3-39}$$

可见 $\boldsymbol{w}_1 \neq \boldsymbol{w}$。由此例可以得出结论：变换矩阵相乘的顺序与旋转顺序相反，即如果一点首先绕 x 轴旋转 α 角，然后绕 y 轴旋转 β 角，最后绕 z 轴旋转 γ 角，则有

$$P = \mathrm{Rot}(z, \gamma)\mathrm{Rot}(y, \beta)\mathrm{Rot}(x, \alpha) \begin{bmatrix} x \\ y \\ z \\ 1 \end{bmatrix} \tag{3-40}$$

下面举例说明把旋转齐次坐标变换与平移齐次坐标变换结合起来的情况。

【例 3-4】 将点 $u = 7i + 3j + 2k$ 在图 3-7(a) 旋转变换的基础上，再进行平移变换 $4i - 3j + 7k$，求变换后的矢量v。

解： 根据式(3-26) 和式(3-37) 可求得

$$\text{Trans}(4, -3, 7)\text{Rot}(y, 90°)\text{Rot}(z, 90°) = \begin{bmatrix} 0 & 0 & 1 & 4 \\ 1 & 0 & 0 & -3 \\ 0 & 1 & 0 & 7 \\ 0 & 0 & 0 & 1 \end{bmatrix} \tag{3-41}$$

于是有

$$v = \text{Trans}(4, -3, 7)\text{Rot}(y, 90°)\text{Rot}(z, 90°)u = \begin{bmatrix} 6 & 4 & 10 & 1 \end{bmatrix}^T \tag{3-42}$$

这一变换结果如图 3-8 所示。

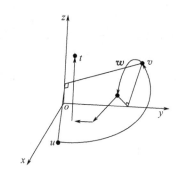

图 3-8　平移变换与旋转变换的组合

3.4　机器人正向运动学

本节将解决根据给定机器人各关节变量确定手部位姿的问题，即实现由关节空间到笛卡儿空间的变换。

3.4.1　正向运动方程的变换矩阵

为了描述相邻杆件间平移和转动的关系，Denavit 和 Hartenberg 提出了一种矩阵分析方法。D-H 方法是为每个关节处的杆件坐标系建立 4×4 齐次变换矩阵，来表示此关节处的杆件与前一个杆件坐标系的关系。这样，通过逐次变换，用手部坐标系表示的末端执行器可被变换并用基坐标系表示。

机器人每个杆件有四个参数：a_i、α_i、d_i 和 θ_i。若给出这些参数的正负号规则，则它们就可以完全确定机器人操作臂每一个杆件的位姿。这四个参数可分为两组：决定杆件结构的杆件参数 (a_i, α_i) 和决定相邻杆件相对位置的关节参数 (d_i, θ_i)。

刚性杆件的 D-H 表示法利用上述四个参数可完全描述任何转动或移动关节，它们的定义如下。

a_i：是从 z_{i-1} 轴和 x_i 轴的交点到第 i 坐标系原点沿 x_i 轴的偏置距离（即 z_{i-1} 和 z_i 两轴间的最小距离），称为连杆长度。

α_i：是绕 x_i 轴（按右手规则）由 z_{i-1} 轴转向 z_i 轴的偏角，称为连杆扭角。

d_i：是从第 $(i-1)$ 坐标系的原点到 z_{i-1} 轴和 x_i 轴的交点沿 z_{i-1} 轴的距离，称为两连杆距离。

θ_i：是绕 z_{i-1} 轴（按右手规则）由 x_{i-1} 轴转向 x_i 轴的关节角，称为两连杆夹角。

连杆连接主要有两种方式——转动关节和移动关节。对于转动关节，见图 3-9，θ_i 为关节变量，连杆 i 的坐标系原点位于关节 i 和 $i+1$ 的公共法线与关节 $i+1$ 轴线的交点上。对于移动关节，如图 3-10 所示，d_i 为关节变量，其长度 a_i 没有意义，令其为零。移动关节的坐标系原点与下一个规定的连杆原点重合。

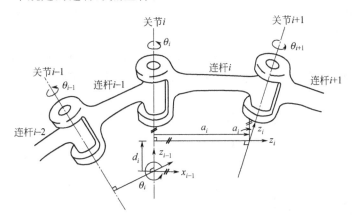

图 3-9　转动关节连杆四参数示意图

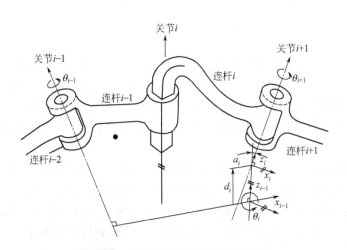

图 3-10　移动关节的连杆的参数示意图

确定和建立每个坐标系应根据下面三条规则。

① z_{i-1} 轴沿着第 i 关节的运动轴；

② x_i 轴垂直 z_{i-1} 轴并指向离开 z_{i-1} 轴的方向；

③ y_i 轴按右手坐标系的要求建立。

按照这些规则，第 0 号坐标系在机座上的位置和方向可任选，只要 z_0 轴沿着第一关节运动轴即可。最后一个坐标系（第 n 个）可放在手的任何部位，只要 x_n 轴与 z_{n-1} 轴垂直即可。在机械手的端部，最后的位移 d_6 或旋转角度 θ_6 是相对于 z_5 而言的。选择连杆 6 的坐标系原点，使之与连杆 5 的坐标系原点重合。如果所用末端执行器的原点和轴线与连杆 6 的坐标系不一致，那么此工具与连杆 6 的相对关系可由一个齐次变换矩阵来表示。

一旦对全部连杆规定坐标系之后，就能够按照下列顺序通过两个旋转和两个平移来建立相邻两连杆 $i-1$ 与 i 之间的对应关系，见图 3-9 与图 3-10。

① 将 x_{i-1} 轴绕 z_{i-1} 轴旋转 θ_i 角，使 x_{i-1} 轴同 x_i 轴对准；

② 沿 z_{i-1} 轴平移一距离 d_i，使 x_{i-1} 轴和 x_i 轴重合；

③ 沿 x_i 轴平移一距离 a_i，使连杆 $i-1$ 的坐标系原点与连杆 i 的坐标系原点重合；

④ 绕 x_i 轴旋转 α_i 角，使 z_{i-1} 转到与 z_i 同一直线上。

这种关系可由表示连杆 i 对连杆 $i-1$ 相对位置的 4 个齐次变换来描述，并叫做 A_i 矩阵，也叫做连杆变换矩阵。此关系式为

$$A_i = \mathrm{Rot}(z,\theta_i)\mathrm{Trans}(0,0,d_i)\mathrm{Trans}(a_i,0,0)\mathrm{Rot}(x,\alpha_i) \tag{3-43}$$

可以看出，一个 A_i 矩阵就是一个描述连杆坐标系间相对平移和旋转的齐次变换。展开式（3-43）可得

$$A_i = \begin{bmatrix} \mathrm{c}\theta_i & -\mathrm{s}\theta_i\,\mathrm{c}\alpha_{i-1} & \mathrm{s}\theta_i\,\mathrm{s}\alpha_{i-1} & \alpha_{i-1}\mathrm{c}\theta_i \\ \mathrm{s}\theta_i & \mathrm{c}\theta_i\,\mathrm{c}\alpha_{i-1} & -\mathrm{c}\theta_i\,\mathrm{s}\alpha_{i-1} & \alpha_{i-1}\mathrm{s}\theta_i \\ 0 & \mathrm{s}\alpha_{i-1} & \mathrm{c}\alpha_{i-1} & d_i \\ 0 & 0 & 0 & 1 \end{bmatrix} \tag{3-44}$$

对于移动联轴器，A_i 矩阵为

$$A_i = \begin{bmatrix} \mathrm{c}\theta_i & -\mathrm{s}\theta_i\,\mathrm{c}\alpha_{i-1} & \mathrm{s}\theta_i\,\mathrm{s}\alpha_{i-1} & 0 \\ \mathrm{s}\theta_i & \mathrm{c}\theta_i\,\mathrm{c}\alpha_{i-1} & -\mathrm{c}\theta_i\,\mathrm{s}\alpha_{i-1} & 1 \\ 0 & \mathrm{s}\alpha_{i-1} & \mathrm{c}\alpha_{i-1} & d_i \\ 0 & 0 & 0 & 1 \end{bmatrix} \tag{3-45}$$

当机械手各连杆的坐标系被规定之后，就能够列出各连杆的常量参数。对于跟在旋转关节 i 后的连杆，这些参数为 d_i，a_{i-1} 和 α_{i-1}。对于跟在移动关节 i 后的连杆来说，这些参数为 θ_i 和 a_{i-1}。然后，α 角的正弦值和余弦值也可以计算出来。这样，A 矩阵就成为关节变量 θ 的函数（对于旋转关节）或变量 d 的函数（对于移动关节）。一旦求得这些数据之后，就能够确定 6 个 A_i 变换矩阵的值。

因为可以把机器人的机械手看作是一系列由关节连接起来的连杆构成的，所以将机械手的每一连杆建立一个坐标系，并用齐次变换来描述这些坐标系间的相对位置和姿态。如果 A_1 表示第一个连杆对于基系的位置和姿态，A_2 表示第二个连杆相对于第一个连杆的位置和姿态，那么第二个连杆在基系中的位置和姿态可由下列矩阵的乘积给出

$$T_2 = A_1 A_2 \tag{3-46}$$

同理，若 A_3 表示第三个连杆相对于第二个连杆的位置和姿态，则有

$$T_3 = A_1 A_2 A_3 \tag{3-47}$$

机械手的末端装置即为连杆 6 的坐标系，它与连杆 $i-1$ 坐标系的关系可由 $^{i-1}T_6$ 表示，故

$$^{i-1}T_6 = A_i A_{i+1} \cdots A_6 \tag{3-48}$$

连杆变换通式为

$$^{i-1}T_i = \begin{bmatrix} \mathrm{c}\theta_i & -\mathrm{s}\theta_i & 0 & \alpha_{i-1} \\ \mathrm{s}\theta_i\,\mathrm{c}\alpha_{i-1} & \mathrm{c}\theta_i\,\mathrm{c}\alpha_{i-1} & -\mathrm{s}\alpha_{i-1} & -d_i\,\mathrm{s}\alpha_{i-1} \\ \mathrm{s}\theta_i\,\mathrm{s}\alpha_{i-1} & \mathrm{c}\theta_i\,\mathrm{s}\alpha_{i-1} & \mathrm{c}\alpha_{i-1} & d_i\,\mathrm{c}\alpha_{i-1} \\ 0 & 0 & 0 & 1 \end{bmatrix} \tag{3-49}$$

而由式(3-48)，机械手端部对基座的关系 T_6 为

$$T_6 = A_1 A_2 A_3 A_4 A_5 A_6 \qquad (3\text{-}50)$$

一个 6 连杆机械手可具有 6 个自由度，每个连杆含有一个自由度，并能在其运动范围内任意定位与定向。其中，3 个自由度用于规定位置，而另外 3 个自由度用来规定姿态。所以 T_6 表示机械手的位置和姿态。

3.4.2 正向运动方程的求解

前面给出了机器人正向运动的变换矩阵。将上述系统扩展为具有 n 个关节的系统，其杆件 0，1，$\cdots i$，$\cdots$，n 通过关节 1，$\cdots i$，$\cdots$，n 相连接，则有

$$T = A_1 A_2 \cdots A_i \cdots A_n \qquad (3\text{-}51)$$

由此可知，这 n 个矩阵之积，表示了机器人手端坐标系相对于向基础坐标系的位置与姿态，所以式(3-51) 是机器人正向运动方程的解。

【例 3-5】已知图 3-11 所示的 6 个简化转动关节所组成的 6 自由度操作机。每个转动关节的齐次矩阵的参数如表 3-1 所示。求解机器人正向运动问题。

表 3-1 6 关节操作机齐次矩阵中的参数

参数＼连杆	1	2	3	4	5	6
α_i	90°	0°	0°	$-90°$	90°	0°
a_i	0	a_2	a_3	a_4	a_5	a_6
θ_i	θ_1	θ_2	θ_3	θ_4	θ_5	θ_6
d_i	0	0	0	0	0	0

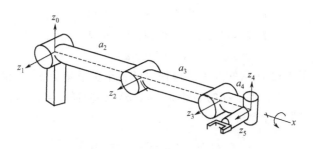

图 3-11 由 6 个简化转动关节组成的操作机

解：简化符号，令 $s_i = s\theta_i$，$c_i = c\theta_i$，可得

$$A_1 = \begin{bmatrix} c_1 & 0 & s_1 & 0 \\ s_1 & 0 & -c_1 & 0 \\ 0 & 1 & 0 & 0 \\ 0 & 0 & 0 & 1 \end{bmatrix}, A_2 = \begin{bmatrix} c_2 & -s_2 & 0 & c_2 a_2 \\ s_2 & c_2 & 0 & s_2 a_2 \\ 0 & 0 & 1 & 0 \\ 0 & 0 & 0 & 1 \end{bmatrix} \qquad (3\text{-}52)$$

$$A_3 = \begin{bmatrix} c_3 & -s_3 & 0 & c_3 a_3 \\ s_3 & c_3 & 0 & s_3 a_3 \\ 0 & 0 & 1 & 0 \\ 0 & 0 & 0 & 1 \end{bmatrix}, A_4 = \begin{bmatrix} c_4 & 0 & -s_4 & c_4 a_4 \\ s_4 & 0 & c_4 & s_4 a_4 \\ 0 & -1 & 0 & 0 \\ 0 & 0 & 0 & 1 \end{bmatrix} \qquad (3\text{-}53)$$

$$A_5 = \begin{bmatrix} c_5 & 0 & s_5 & 0 \\ s_5 & 0 & -c_5 & 0 \\ 0 & 1 & 0 & 0 \\ 0 & 0 & 0 & 1 \end{bmatrix}, A_6 = \begin{bmatrix} c_6 & -s_6 & 0 & 0 \\ s_6 & c_6 & 0 & 0 \\ 0 & 0 & 1 & 0 \\ 0 & 0 & 0 & 1 \end{bmatrix} \tag{3-54}$$

最后可计算总的齐次矩阵

$$T_6 = A_1 A_2 A_3 A_4 A_5 A_6 = \begin{bmatrix} n_x & o_x & a_x & p_x \\ n_y & o_y & a_y & p_y \\ n_z & o_z & a_z & p_z \\ 0 & 0 & 0 & 1 \end{bmatrix} \tag{3-55}$$

令 $s_{23} = \sin(\theta_2 + \theta_3)$，$c_{23} = \cos(\theta_2 + \theta_3)$，$s_{234} = \sin(\theta_2 + \theta_3 + \theta_4)$，$c_{234} = \cos(\theta_2 + \theta_3 + \theta_4)$，最后可得

$$\left. \begin{aligned} n_x &= c_1(c_{234}c_5c_6 - s_{234}s_6) - s_1s_5s_6 \\ n_y &= s_1(c_{234}c_5c_6 - s_{234}s_6) + c_1s_5c_6 \\ n_z &= s_{234}c_5c_6 - c_{234}s_6 \\ o_x &= -c_1(c_{234}c_5s_6 + s_{234}c_6) + s_1s_5s_6 \\ o_y &= -s_1(c_{234}c_5s_6 + s_{234}c_6) - c_1s_5c_6 \\ o_z &= -s_{234}c_5s_6 - c_{234}c_6 \\ a_x &= c_1c_{234}s_5 + s_1c_5 \\ a_y &= s_1c_{234}s_5 - c_1c_5 \\ a_z &= s_{234}s_5 \\ p_x &= c_1(c_{234}a_4 + c_{23}a_3 + c_2a_2) \\ p_y &= s_1(c_{234}a_4 + c_{23}a_3 + c_2a_2) \\ p_z &= s_{234}a_4 + s_{23}a_3 + s_2a_2 \end{aligned} \right\} \tag{3-56}$$

【例 3-6】 已知图 3-11 所示的 6 关节操作机的各个关节角为 $\theta_1 = 90°$，$\theta_2 = 0°$，$\theta_3 = 60°$，$\theta_4 = 90°$，$\theta_5 = 0°$，$\theta_6 = 30°$。求手部的姿态 $\boldsymbol{n}$，$\boldsymbol{o}$，$\boldsymbol{a}$，并验证 $\boldsymbol{a} = \boldsymbol{n} \times \boldsymbol{o}$。

解：由式(3-56) 进行计算可得

$$\left. \begin{aligned} n_x &= 0, o_x = 0, a_x = 1 \\ n_y &= -1, o_y = 0, a_y = 0 \\ n_z &= 0, o_z = -1, a_z = 0 \end{aligned} \right\} \tag{3-57}$$

再做以下验证计算：

$$\begin{aligned} a_x &= n_yo_z - o_yn_z = (-1) \times (-1) - 0 \times 0 = 1 \\ a_y &= o_xn_z - n_xo_z = 0 \times 0 - 0 \times (-1) = 0 \\ a_z &= n_xo_y - n_yo_x = -1 \times 0 - (-1) \times 0 = 0 \end{aligned} \tag{3-58}$$

显然 $\boldsymbol{a} = \boldsymbol{n} \times \boldsymbol{o}$。

【例 3-7】 已知 PUMA 560 机器人结构如图 3-12 所示，连杆的 D-H 坐标变换矩阵参数如表 3-2 所示。其中，$a_2 = 431.8\text{mm}$，$a_3 = 20.32\text{mm}$，$d_2 = 149.09\text{mm}$，$d_4 = 433.07\text{mm}$。求解机器人正向运动方程。

表 3-2 PUMA560 机器人的连杆参数

连杆 参数	1	2	3	4	5	6
变量 θ_i	θ_1	θ_2	θ_3	θ_4	θ_5	θ_6
a_i	0	a_2	0	0	0	0
α_i	$-90°$	$0°$	$90°$	$-90°$	$90°$	$0°$
d_i	0	d_2	0	d_4	0	d_6

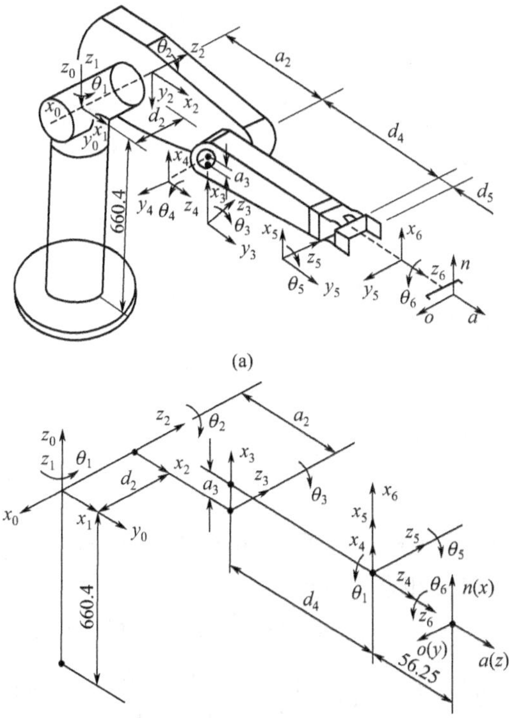

(a)

(b)

图 3-12 PUMA560 机器人结构示意图

解： 各连杆变换矩阵为

$$A_1=\begin{bmatrix} c\theta_1 & -s\theta_1 & 0 & 0 \\ s\theta_1 & c\theta_1 & 0 & 0 \\ 0 & 0 & 1 & 0 \\ 0 & 0 & 0 & 1 \end{bmatrix}, A_2=\begin{bmatrix} c\theta_2 & -s\theta_2 & 0 & 0 \\ 0 & 0 & 1 & d_2 \\ -s\theta_2 & -c\theta_2 & 0 & 0 \\ 0 & 0 & 0 & 1 \end{bmatrix}$$

$$A_3=\begin{bmatrix} c\theta_3 & -s\theta_3 & 0 & a_2 \\ s\theta_3 & c\theta_3 & 0 & 0 \\ 0 & 0 & 1 & 0 \\ 0 & 0 & 0 & 1 \end{bmatrix}, A_4=\begin{bmatrix} c\theta_4 & -s\theta_4 & 0 & a_3 \\ 0 & 0 & 1 & d_4 \\ -s\theta_4 & -c\theta_4 & 0 & 0 \\ 0 & 0 & 0 & 1 \end{bmatrix}$$

$$A_5=\begin{bmatrix} c\theta_5 & -s\theta_5 & 0 & 0 \\ 0 & 0 & -1 & 0 \\ s\theta_5 & c\theta_5 & 0 & 0 \\ 0 & 0 & 0 & 1 \end{bmatrix}, A_6=\begin{bmatrix} c\theta_6 & -s\theta_6 & 0 & 0 \\ 0 & 0 & 1 & 0 \\ -s\theta_6 & -c\theta_6 & 0 & 0 \\ 0 & 0 & 0 & 1 \end{bmatrix}$$

(3-59)

各连杆变换矩阵相乘，可得机械手的变换矩阵

$$^0T_6 = A_1A_2A_3A_4A_5A_6 \tag{3-60}$$

要求解此运动方程，需先计算某些中间结果

$$^4T_6 = {}^4A_5{}^5A_6 = \begin{bmatrix} c_5c_6 & -c_5c_6 & -s_5 & 0 \\ s_6 & c_6 & 0 & 0 \\ s_5s_6 & -s_6c_6 & c_5 & 0 \\ 0 & 0 & 0 & 1 \end{bmatrix} \tag{3-61}$$

$$^3T_6 = {}^3A_4{}^4T_6 = \begin{bmatrix} c_4c_5c_6-s_4s_6 & -c_4c_5c_6-s_4s_6 & -c_4s_5 & a_3 \\ s_5s_6 & -s_5s_6 & c_5 & d_4 \\ -s_4c_5s_6-c_4s_6 & s_4c_5s_6-c_4c_6 & s_4s_5 & 0 \\ 0 & 0 & 0 & 1 \end{bmatrix} \tag{3-62}$$

其中，s_4、s_5、s_6、c_4、c_5、c_6 分别表示 $\sin\theta_4$、$\sin\theta_5$、$\sin\theta_6$、$\cos\theta_4$、$\cos\theta_5$、$\cos\theta_6$。

将 $^1A_2$ 和 $^2A_3$ 相乘，可得 $^1T_3$

$$^1T_3 = {}^1A_2{}^2A_3 = \begin{bmatrix} c_{23} & -s_{23} & 0 & a_2c_2 \\ 0 & 0 & 1 & d_2 \\ -s_{23} & -c_{23} & 0 & -a_2s_2 \\ 0 & 0 & 0 & 1 \end{bmatrix} \tag{3-63}$$

其中，$c_{23}=\cos(\theta_2+\theta_3)=c_2c_3-s_2s_3$；$s_{23}=\sin(\theta_2+\theta_3)=c_2s_3+s_2c_3$。

再将式(3-62)与式(3-63)相乘，可得

$$^1T_6 = {}^1T_3{}^3T_6 = \begin{bmatrix} {}^1n_x & {}^1o_x & {}^1a_x & {}^1p_x \\ {}^1n_y & {}^1o_y & {}^1a_y & {}^1p_y \\ {}^1n_z & {}^1o_z & {}^1a_z & {}^1p_z \\ 0 & 0 & 0 & 1 \end{bmatrix} \tag{3-64}$$

$$\left.\begin{aligned} {}^1n_x &= c_{23}(c_4c_5c_6-s_4s_6)-s_{23}s_5c_6 \\ {}^1n_y &= -s_4c_5c_6-c_4s_6 \\ {}^1n_z &= -s_{23}(c_4c_5c_6-s_4s_6)-c_{23}s_5c_6 \\ {}^1o_x &= -c_{23}(c_4c_5s_6+s_4c_6)+s_{23}s_5s_6 \\ {}^1o_y &= s_4c_5s_6-c_4c_6 \\ {}^1o_z &= s_{23}(c_4c_5s_6+s_4c_6)+c_{23}s_5s_6 \\ {}^1a_x &= -c_{23}c_4s_5-s_{23}c_5 \\ {}^1a_y &= s_4s_5 \\ {}^1a_z &= s_{23}c_4s_5-c_{23}c_5 \\ {}^1p_x &= a_2c_2+a_3c_{23}-d_4s_{23} \\ {}^1p_y &= d_2 \\ {}^1p_z &= -a_3s_{23}-a_2s_2-d_4c_{23} \end{aligned}\right\} \tag{3-65}$$

其中，c_2 表示 $\cos\theta_2$，其余类推。

$$^{0}T_6 = {}^{0}T_1{}^{1}T_6 = \begin{bmatrix} n_x & o_x & a_x & p_x \\ n_y & o_y & a_y & p_y \\ n_z & o_z & a_z & p_z \\ 0 & 0 & 0 & 1 \end{bmatrix} \tag{3-66}$$

$$\left.\begin{aligned}
n_x &= c_1[c_{23}(c_4c_5c_6-s_4s_6)-s_{23}s_5c_6]+s_1(s_4c_5c_6+c_4s_6) \\
n_y &= s_1[c_{23}(c_4c_5c_6-s_4s_6)-s_{23}s_5c_6]-c_1(s_4c_5c_6+c_4s_6) \\
n_z &= -s_{23}(c_4c_5c_6-s_4s_6)-c_{23}s_5c_6 \\
o_x &= c_1[c_{23}(-c_4c_5c_6-s_4s_6)+s_{23}s_5s_6]+s_1(c_4c_6-s_4c_5c_6) \\
o_y &= s_1[c_{23}(-c_4c_5c_6-s_4s_6)+s_{23}s_5s_6]-c_1(c_4c_6-s_4c_5c_6) \\
o_z &= -s_{23}(-c_4c_5s_6-s_4c_6)+c_{23}s_5s_6 \\
a_x &= -c_1(c_{23}c_4s_5+s_{23}c_5)-c_1s_4s_5 \\
a_y &= -s_1(c_{23}c_4s_5+s_{23}c_5)+c_1s_4s_5 \\
a_z &= s_{23}c_4s_5-c_{23}c_5 \\
p_x &= c_1[a_2c_2+a_3c_{23}-d_4s_{23}]-d_2s_1 \\
p_y &= s_1[a_2c_2+a_3c_{23}-d_4s_{23}]+d_2c_1 \\
p_z &= -a_3s_{23}-a_2s_2-d_4c_{23}
\end{aligned}\right\} \tag{3-67}$$

3.5 机器人逆向运动学

机器人的逆向运动学问题是已知机器人操作臂的位置与姿态，求机器人对应于这个位置与姿态的全部关节角。

3.5.1 逆向运动学问题的多解性与可解性

图 3-13 所示为一个 2 连杆机器人，对于一个给定的位置和姿态，它具有两组解。虚线和实线各代表一组解，且都能满足给定的位置与姿态。这就是多解性。多解性是由于解反三角函数方程产生的。

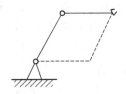

图 3-13 2 连杆机器人

然而，对于一个实际工作中的机器人，只有一组解与实际情况相对应。因此，必须作出判断，以选择合适的解。通常，采用如下方法去剔除多余的解。

(1) 根据关节运动空间限制来选择合适的解

例如，求得某关节角的两个解为

$$\theta_{iz} = 40°, \theta_{ij} = 40° + 180° = 220° \tag{3-68}$$

若该机器人第三关节运动空间为 $\pm100°$，显然应选择 $\theta_i = 40°$。

(2) 选择一个最接近的解

为使机器人运动连续与平稳，当它具有多解时，应选择最接近上一时刻的解。

例如，求得某关节角的两个解仍为

$$\theta_{i1} = 40°, \theta_{i2} = 220° \tag{3-69}$$

若该关节运动空间为 $\pm 250°$，其前一采样时刻 $\theta_i(n-1) = 160°$，则

$$\Delta\theta_{i1} = \theta_{i1} - \theta_i(n-1) = 40° - 160° = -120° \tag{3-70}$$

$$\Delta\theta_{i2} = \theta_{i2} - \theta_i(n-1) = 220° - 160° = 60°$$

$\Delta\theta_{i2}$ 更接近前一时刻解，故应选择 $\theta_i = \theta_{i2} = 220°$。

(3) 根据避障要求来选择合适的解

如图 3-14 所示，原机器人在 A 点，希望它到达 B 点。一个好的选择应取关节运动量最小的接近解。当无障碍物时，应选择上面虚线所示的解，但有障碍物时，选择接近解必然会发生碰撞，这就迫使取更远解，如图 3-14 虚线所示的解。

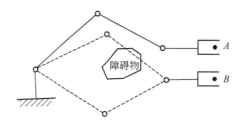

障碍物

图 3-14 满足避障要求的解

3.5.2 逆向运动方程的求解

求解运动方程时，从 T_6 开始求解关节位置。使 T_6 的符号表达式的各元素等于 T_6 的一般形式，并据此确定 θ_1。其他 5 个关节参数不可能从 T_6 求得，因为所求得的运动方程过于复杂而无法求解它们。可以由上节讨论的其他 T 矩阵来求解它们。一旦求得 θ_1 之后，可由 A_1^{-1} 左乘 T_6 的一般形式，得

$$A_1^{-1} T_6 = {}^1T_6 \tag{3-71}$$

式(3-71)中，左边为 θ_1 和 T_6 各元素的函数。此式可用来求解其他各关节变量，如 θ_2 等。

不断地用 A 的逆矩阵左乘上式，可得下列另 4 个矩阵方程式

$$A_2^{-1} A_1^{-1} T_6 = {}^2T_6 \tag{3-72}$$

$$A_3^{-1} A_2^{-1} A_1^{-1} T_6 = {}^3T_6 \tag{3-73}$$

$$A_4^{-1} A_3^{-1} A_2^{-1} A_1^{-1} T_6 = {}^4T_6 \tag{3-74}$$

$$A_5^{-1} A_4^{-1} A_3^{-1} A_2^{-1} A_1^{-1} T_6 = {}^5T_6 \tag{3-75}$$

式(3-72)～式(3-75)中各方程的左式为 T_6 和前 $i-1$ 个关节变量的函数。可用这些方程来确定各关节的位置。

求解运动方程，即求得机械手各关节坐标，这对机械手的控制是至关重要的。根据 T_6 可以知道机器人的机械手要移动到什么地方，而且需要获得各关节的坐标值，以便进行这一移动。求解各关节的坐标，需要有直觉知识，这是将要遇到的一个最困难的问题。

下面分别介绍解析法和欧拉变换法求解运动方程的方法。

(1) 解析法求解逆向运动学问题

已知机器人的位置与姿态表达式为

$$T = \begin{bmatrix} n_x & o_x & a_x & p_x \\ n_y & o_y & a_y & p_y \\ n_z & o_z & a_z & p_z \\ 0 & 0 & 0 & 1 \end{bmatrix} = A_1 A_2 \cdots A_i \cdots A_n \qquad (3\text{-}76)$$

　　显然，可得到 n 个简单方程式，正是这些方程式产生了所要求的解。对于解析法，不是对 12 个方程式联立求解，而是用一个有规律的方法得到，在每一个方程式中用一系列变换矩阵的逆（A_i^{-1}）左乘，然后考察方程式右端的元素，找出那些为零或常数的元素，并令这些元素与左端元素相等，以产生一个有效方程式，然后求解这个三角函数方程式。

　　此时，不能用反余弦 arccos 来求关节角，这是因为用反余弦函数得到一个角度时，不仅符号是不确定的，而且角的精度取决于该角，即 $\cos\theta = \cos(-\theta)$，和 $\mathrm{d}\cos(\theta)/\mathrm{d}\theta|_{0,180°} = 0$。

　　因为 atan2（令 atan2 表示 arctan）函数提供两个自变量，即纵坐标 y 和横坐标 x，且它的精度在整个定义域内都是一样的，而且能够通过检查 y 和 x 的符号来确定该角 θ_i 所在的象限，如图 3-15 所示。该函数能使角在 $-\pi \leqslant \theta_i \leqslant \pi$ 内取值，当 x 或 y 为零时，也有确定的意义。因此，在求解时总是采用双变量反正切函数 atan2 来确定角度。

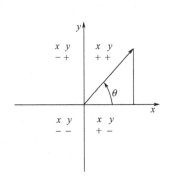

图 3-15　反正切函数 atan2

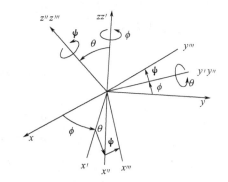

图 3-16　欧拉角的定义

(2) 欧拉变换法求解逆向运动学问题

　　机械手的运动姿态往往由一个绕轴 x、y 和 z 的旋转序列来规定。这种转角的序列称为欧拉角。欧拉角用绕 z 轴旋转 ϕ 角，再绕新的 y 轴（y'）旋转 θ 角，最后绕新的 z 轴（z'）旋转角来描述任何可能的姿态，见图 3-16。

　　在任何旋转序列下，旋转次序是十分重要的。这一旋转序列可由基系中相反的旋转次序来解释：先绕 z 轴旋转 φ 角，再绕 y 轴旋转 θ 角，最后绕 z 轴旋转 ϕ 角。

　　欧拉变换 $\mathrm{Euler}(\phi,\theta,\varphi) = \mathrm{Rot}(z,\phi)\mathrm{Rot}(y,\theta)\mathrm{Rot}(z,\varphi)$

$$\mathrm{Euler}(\phi,\theta,\varphi) = \begin{bmatrix} c\phi & -s\phi & 0 & 0 \\ s\phi & c\phi & 0 & 0 \\ 0 & 0 & 1 & 0 \\ 0 & 0 & 0 & 1 \end{bmatrix} \begin{bmatrix} c\theta & 0 & s\theta & 0 \\ 0 & 1 & 0 & 0 \\ -s\theta & 0 & c\theta & 0 \\ 0 & 0 & 0 & 1 \end{bmatrix} \begin{bmatrix} c\varphi & -s\varphi & 0 & 0 \\ s\varphi & c\varphi & 0 & 0 \\ 0 & 0 & 1 & 0 \\ 0 & 0 & 0 & 1 \end{bmatrix}$$

$$= \begin{bmatrix} c\phi c\theta c\varphi - s\phi s\varphi & -c\phi c\theta s\varphi - s\phi c\varphi & c\phi s\theta & 0 \\ s\phi c\theta c\varphi + c\phi s\varphi & -s\phi c\theta s\varphi + c\phi c\varphi & s\phi s\theta & 0 \\ -s\theta c\varphi & s\theta s\varphi & c\theta & 0 \\ 0 & 0 & 0 & 1 \end{bmatrix} \tag{3-77}$$

① 基本隐式方程的解。

首先令

$$\text{Euler}(\phi, \theta, \varphi) = T \tag{3-78}$$

由式(3-78) 知下式中

$$\text{Euler}(\phi, \theta, \varphi) = \text{Rot}(z, \phi)\text{Rot}(y, \theta)\text{Rot}(z, \varphi) \tag{3-79}$$

任一变换 T，要求得 ϕ、θ 和 φ。也就是说，已知 T 矩阵各元素的数值，如何求其所对应的 ϕ、θ 和 φ 值。

由式(3-78) 和式(3-79)，有下式

$$\begin{bmatrix} n_x & o_x & a_x & p_x \\ n_y & o_y & a_y & p_y \\ n_z & o_z & a_z & p_z \\ 0 & 0 & 0 & 1 \end{bmatrix} = \begin{bmatrix} c\phi c\theta c\varphi - s\phi s\varphi & -c\phi c\theta s\varphi - s\phi c\varphi & c\phi s\theta & 0 \\ s\phi c\theta c\varphi + c\phi s\varphi & -s\phi c\theta s\varphi + c\phi c\varphi & s\phi s\theta & 0 \\ -s\theta c\varphi & s\theta s\varphi & c\theta & 0 \\ 0 & 0 & 0 & 1 \end{bmatrix} \tag{3-80}$$

令矩阵方程两边各对应元素一一相等，可得 16 个方程式，其中有 12 个为隐式方程，将从这些隐式方程求得所需解答。在式(3-80) 中，只有 9 个隐式方程，因为其平移坐标也是明显解。这些隐式方程如下：

$$n_x = c\phi c\theta c\varphi - s\phi s\varphi \tag{3-81}$$

$$n_y = s\phi c\theta c\varphi + c\phi s\varphi \tag{3-82}$$

$$n_z = -s\theta c\varphi \tag{3-83}$$

$$o_x = -c\phi c\theta s\varphi - s\phi c\varphi \tag{3-84}$$

$$o_y = -s\phi c\theta s\varphi + c\phi c\varphi \tag{3-85}$$

$$o_z = s\theta s\varphi \tag{3-86}$$

$$a_x = c\phi s\theta \tag{3-87}$$

$$a_y = s\phi s\theta \tag{3-88}$$

$$a_z = c\theta \tag{3-89}$$

② 用显式方程求各角度。

要求得方程的解，采用另一种通常能够导致显式解答的方法。用未知逆变换依次左乘已知方程，对于欧拉变换有

$$\text{Rot}(z, \phi)^{-1} T = \text{Rot}(y, \theta)\text{Rot}(z, \varphi) \tag{3-90}$$

$$\text{Rot}(y, \theta)^{-1}\text{Rot}(z, \phi)^{-1} T = \text{Rot}(z, \varphi) \tag{3-91}$$

式(3-90) 的左式为已知变换 T 和 ϕ 的函数，而右式各元素或者为 0，或者为常数。令方程式的两边对应元素相等，对于式(3-90) 即有

$$\begin{bmatrix} c\phi & s\phi & 0 & 0 \\ -s\phi & c\phi & 0 & 0 \\ 0 & 0 & 1 & 0 \\ 0 & 0 & 0 & 1 \end{bmatrix} \begin{bmatrix} n_x & o_x & a_x & p_x \\ n_y & o_y & a_y & p_y \\ n_z & o_z & a_z & p_z \\ 0 & 0 & 0 & 1 \end{bmatrix} = \begin{bmatrix} c\theta c\varphi & -c\theta s\varphi & s\theta & 0 \\ s\varphi & c\varphi & 0 & 0 \\ -s\theta c\varphi & s\theta s\varphi & c\theta & 0 \\ 0 & 0 & 0 & 1 \end{bmatrix} \tag{3-92}$$

在计算此方程左式之前，用下列形式来表示乘积

$$\begin{bmatrix} f_{11}(n) & f_{11}(o) & f_{11}(a) & f_{11}(p) \\ f_{12}(n) & f_{12}(o) & f_{12}(a) & f_{12}(p) \\ f_{13}(n) & f_{13}(o) & f_{13}(a) & f_{13}(p) \\ 0 & 0 & 0 & 1 \end{bmatrix}$$

其中，$f_{11} = c\phi x + s\phi y$，$f_{12} = -s\phi x + c\phi y$，$f_{13} = z$，而 x、y 和 z 为 f_{11}、f_{12} 和 f_{13} 的各相应分量，例如

$$f_{11}(p) = c\phi p_x + s\phi p_y \tag{3-93}$$

$$f_{12}(a) = -s\phi a_x + c\phi a_y \tag{3-94}$$

于是，可把式（3-92）重写为

$$\begin{bmatrix} f_{11}(n) & f_{11}(o) & f_{11}(a) & f_{11}(p) \\ f_{12}(n) & f_{12}(o) & f_{12}(a) & f_{12}(p) \\ f_{13}(n) & f_{13}(o) & f_{13}(a) & f_{13}(p) \\ 0 & 0 & 0 & 1 \end{bmatrix} = \begin{bmatrix} c\theta c\varphi & -c\theta s\varphi & s\theta & 0 \\ s\varphi & c\varphi & 0 & 0 \\ -s\theta c\varphi & s\theta s\varphi & c\theta & 0 \\ 0 & 0 & 0 & 1 \end{bmatrix} \tag{3-95}$$

检查上式右端可见，p_x、p_y 和 p_z 均为 0。这是所期望的，因为欧拉变换不产生任何平移。此外，位于第二行、第三列的元素也为 0。所以可得 $f_{12}(a) = 0$，即

$$-s\phi a_x + c\phi a_y = 0 \tag{3-96}$$

上式两边分别加上 $s\phi a_x$，再除以 $c\phi a_x$，则有

$$\tan\phi = \frac{s\phi}{c\phi} = \frac{a_y}{a_x} \tag{3-97}$$

这样，即可以从反正切函数 atan2 得到

$$\phi = \text{atan2}(a_y, a_x) \tag{3-98}$$

对式（3-96）两边分别加上 $-c\phi a_y$，然后除以 $-c\phi a_x$，则得

$$\tan\phi = \frac{s\phi}{c\phi} = \frac{-a_y}{-a_x} \tag{3-99}$$

这时可得式（3-96）的另一个解为

$$\phi = \text{atan2}(-a_y, -a_x) \tag{3-100}$$

式（3-98）与式（3-100）两解相差 180°。

除非出现 a_y 和 a_x 同时为 0 的情况，否则总能得到式（3-96）的两个相差 180°的解。当 a_y 和 a_x 均为 0 时，角度 ϕ 没有定义。这种情况是在机械手臂垂直向上或向下，且 ϕ 和 φ 两角又对应于同一旋转时出现的。这种情况称为退化（degeneracy）。这时，任取 $\phi = 0$。

求得 ϕ 值之后，式（3-95）左式的所有元素也就随之确定。令左式元素与右边对应元素相等，可得 $s\theta = f_{11}(a)$，$c\theta = f_{13}(a)$，或 $s\theta = c\phi a_x + s\phi a_y$，$c\theta = a_z$。于是有

$$\theta = \text{atan2}(c\phi a_x + s\phi a_y, a_z) \tag{3-101}$$

当正弦和余弦都确定时，角度 θ 总是唯一确定的，而且不会出现前述角度 ϕ 那种退化问题。

最后求解角度 φ。由式（3-95）有 $s\varphi = f_{12}(n)$，$c\varphi = f_{12}(o)$，或 $s\varphi = -s\phi n_x + c\phi n_y$，$c\phi = -s\phi o_x + c\phi o_y$，从而得到

$$\varphi = \text{atan2}(-s\phi n_x + c\phi n_y, -s\phi o_x + c\phi o_y) \tag{3-102}$$

概括地说，如果已知一个表示任意旋转的齐次变换，那么就能够确定其等价欧拉角

$$
\left.
\begin{aligned}
&\phi = \text{atan2}(a_y, a_x), \phi = \phi + 180° \\
&\theta = \text{atan2}(c\phi a_x + s\phi a_y, a_z) \\
&\varphi = \text{atan2}(-s\phi n_x + c\phi n_y, -s\phi o_x + c\phi o_y)
\end{aligned}
\right\}
\tag{3-103}
$$

【例 3-8】 求肘关节机械手的解 θ_6（参见图 3-11）。

解： 为了得到 θ_1 解，仍如前用 A_1 的逆矩阵左乘 T_6 方程的两端，得

$$
A_1^{-1} T_6 = {}^1 T_6
\tag{3-104}
$$

即

$$
\begin{bmatrix}
f_{11}(n) & f_{11}(o) & f_{11}(a) & f_{11}(p) \\
f_{12}(n) & f_{12}(o) & f_{12}(a) & f_{12}(p) \\
f_{13}(n) & f_{13}(o) & f_{13}(a) & f_{13}(p) \\
0 & 0 & 0 & 1
\end{bmatrix}
=
\begin{bmatrix}
c_{234}c_5c_6 - s_{234}s_6 & -c_{234}c_5c_6 & c_{234}s_5 & c_{234}a_4 + c_{23}a_3 + c_2a_2 \\
s_{234}c_5c_6 + c_{234}s_6 & -s_{234}c_5s_6 & s_{234}s_5 & s_{234}a_4 + s_{23}a_3 + s_2a_2 \\
-s_5c_6 & s_5s_6 & c_5 & 0 \\
0 & 0 & 0 & 1
\end{bmatrix}
\tag{3-105}
$$

式中，$s_{234} = \sin(\theta_2 + \theta_3 + \theta_4)$，$c_{234} = \cos(\theta_2 + \theta_3 + \theta_4)$，使式（3-105）对应的元素相等，可得 θ_1，即

$$
s_1 p_x - c_1 p_y = 0
\tag{3-106}
$$

$$
\theta_1 = \arctan \frac{p_y}{p_x}
\tag{3-107}
$$

及 θ_1 的另一解

$$
\theta_1' = \theta_1 + 180°
\tag{3-108}
$$

然后从这两个解中，选取合适的一个作为 θ_1。对于该机器人，由于 θ_2、θ_3、θ_4 的轴是平行的，首先求出这三个角之和 θ_{234}，由 $A_4^{-1} A_3^{-1} A_2^{-1} A_1^{-1} T_6 = {}^4 T_6$ 有

$$
\begin{bmatrix}
f_{41}(n) & f_{41}(o) & f_{41}(a) & f_{41}(p) - c_{23}a_2 - c_4a_3 - a_4 \\
f_{42}(n) & f_{42}(o) & f_{42}(a) & 0 \\
f_{43}(n) & f_{43}(o) & f_{43}(a) & f_{43}(p) + s_{34}a_2 + s_4a_3 \\
0 & 0 & 0 & 1
\end{bmatrix}
=
\begin{bmatrix}
c_5c_6 & -c_5s_6 & s_5 & 0 \\
s_5c_6 & -s_5s_6 & -c_5 & 0 \\
s_6 & c_6 & 0 & 0 \\
0 & 0 & 0 & 1
\end{bmatrix}
\tag{3-109}
$$

式中，$f_{41} = c_{234}(c_1 x + s_1 y) + s_{234} z$

$f_{42} = -(s_1 x - c_1 y)$

$f_{43} = -s_{234}(c_1 x + s_1 y) + c_{234} z$

使式（3-109）中第三行第三列两边元素相等，得 θ_{234} 方程

$$
-s_{234}(c_1 a_x + s_1 a_y) + c_{234}a_2 = 0
\tag{3-110}
$$

$$
\theta_{234} = \arctan \frac{a_2}{c_1 a_x + s_1 a_y}
\tag{3-111}
$$

以及另一解 $\theta_{234}' = \theta_{234} + 180°$。当然，仍需要从两个解中选取一个。

从方程式（3-105）中的（1，4）和（2，4）对应元素相等（括号中数字代表元素的行数、列数，以下同），有

$$
c_1 p_x + s_1 p_y = c_{234}a_4 + c_{23}a_3 + c_2a_2
\tag{3-112}
$$

$$
p_z = s_{234}a_4 + s_{23}a_3 + s_2a_2
\tag{3-113}
$$

令 $p'_x = c_1 p_x + s_1 p_y - c_{234} a_4$ （p'_x 为已知）

$p'_y = p_y - s_{234} a_4$ （p'_y 为已知）

将 p'_x、p'_y 代入式(3-112)、式(3-113) 有

$$p'_x = c_{23} a_3 + c_2 a_2 \tag{3-114}$$

$$p'_y = s_{23} a_3 + s_2 a_2 \tag{3-115}$$

经常采用下面办法求解形如式(3-114)、式(3-115) 联立方程，两式平方相加得

$$c_3 = \frac{(p'_x)^2 + (p'_y)^2 - a_3^2 - a_2^2}{2a_2 a_3} \tag{3-116}$$

首先求 θ_3 的正弦值，然后用正切值确定 θ_3。

$$s_3 = \pm(1 - c_{23})^{1/2} \tag{3-117}$$

$$\theta_3 = \arctan \frac{s_3}{c_3} \tag{3-118}$$

式(3-117) 中两解对应关节向上或向下两种姿态。求得 θ_3 后，从联立方程式(3-114)、式(3-115) 中得 s_2、c_2 表达式

$$s_2 = \frac{(c_3 a_3 + a_2) p'_y - s_3 a_3 p'_x}{(c_3 a_3 + a_2)^2 + (s_3^2 a_3^2)} \tag{3-119}$$

$$c_2 = \frac{(c_3 a_3 + a_2) p'_x - s_3 a_3 p'_y}{(c_3 a_3 + a_2)^2 + (s_3^2 a_3^2)} \tag{3-120}$$

两式的分母相等，且都为正值，故得

$$\theta_2 = \arctan \frac{(c_3 a_3 + a_2) p'_y - s_3 a_3 p'_x}{(c_3 a_3 + a_2) p'_x + s_3 a_3 p'_y} \tag{3-121}$$

可以求出 θ_4 为

$$\theta_4 = \theta_{234} - \theta_3 - \theta_2 \tag{3-122}$$

从方程式(3-109) 的 （1，3）和（2，3）对应元素相等有

$$s_5 = c_{234}(c_1 a_x + s_1 a_y) + s_{234} a_z \tag{3-123}$$

$$c_5 = s_1 a_x - c_1 a_y \tag{3-124}$$

于是

$$\theta_5 = \arctan \frac{s_5}{c_5} \tag{3-125}$$

用 A_5^{-1} 左乘，得 $A_5^{-1} A_4^{-1} A_3^{-1} A_2^{-1} A_1^{-1} T_6 = {}^5 T_6$，即

$$\begin{bmatrix} f_{51}(n) & f_{51}(o) & 0 & 0 \\ f_{52}(n) & f_{52}(o) & 0 & 0 \\ 0 & 0 & 1 & 0 \\ 0 & 0 & 0 & 1 \end{bmatrix} = \begin{bmatrix} c_6 & -s_6 & 0 & 0 \\ s_6 & c_6 & 0 & 0 \\ 0 & 0 & 1 & 0 \\ 0 & 0 & 0 & 1 \end{bmatrix} \tag{3-126}$$

式中，$f_{51} = c_5[c_{234}(c_1 x + s_1 y) + s_{234} z] - s_5(s_1 x - c_1 y)$

$f_{52} = -s_{234}(c_1 x + s_1 y) + c_{234} z$

由式(3-126) 中 （1，2）（2，2）对应元素相等得

$$s_6 = -c_5[c_{234}(c_1 o_x + s_1 o_y) + s_{234} o_z] + s_5(s_1 o_x - c_1 o_y) \tag{3-127}$$

$$c_6 = -s_{234}(c_1 o_x + s_1 o_y) + c_{234} o_z \tag{3-128}$$

因而

$$\theta_6 = \arctan \frac{s_6}{c_6} \tag{3-129}$$

【例 3-9】 求 PUMA560 机器人运动学逆解（机器人结构示意图和 D-H 坐标变换参数见图 3-12 和表 3-2）。

解： 将 PUMA560 的运动方程写为

$$^0T_6 = \begin{bmatrix} n_x & o_x & a_x & p_x \\ n_y & o_y & a_y & p_y \\ n_z & o_z & a_z & p_z \\ 0 & 0 & 0 & 1 \end{bmatrix} = A_1(\theta_1)A_2(\theta_2)A_3(\theta_3)A_4(\theta_4)A_5(\theta_5)A_6(\theta_6) \tag{3-130}$$

在式(3-130)中，左边矩阵各元素 n、o、a 和 p 是已知的，而右边的 6 个矩阵是未知的。用未知的连杆逆变换左乘方程(3-130)的两边，把关节变量分离出来，从而求解。具体步骤如下。

(1) 求 θ_1

用逆变换 $A_1^{-1}(\theta_1)$ 左乘方程(3-130) 两边

$$A_1^{-1}(\theta_1)^0T_6 = A_2(\theta_2)A_3(\theta_3)A_4(\theta_4)A_5(\theta_5)A_6(\theta_6) \tag{3-131}$$

$$\begin{bmatrix} c_1 & s_1 & 0 & 0 \\ -s_1 & c_1 & 0 & 0 \\ 0 & 0 & 1 & 0 \\ 0 & 0 & 0 & 1 \end{bmatrix} \begin{bmatrix} n_x & o_x & a_x & p_x \\ n_y & o_y & a_y & p_y \\ n_z & o_z & a_z & p_z \\ 0 & 0 & 0 & 1 \end{bmatrix} = {}^1T_6 \tag{3-132}$$

令矩阵方程(3-132) 两端的元素（2，4）对应相等，可得

$$-s_1 p_x + c_1 p_y = d_2 \tag{3-133}$$

利用三角代换

$$p_x = \rho \cos\phi, p_y = \rho \sin\phi \tag{3-134}$$

式中，$\rho = \sqrt{p_x^2 + p_y^2}$，$\phi = \text{atan2}(p_y, p_x)$。把代换式(3-134) 代入式(3-133)，得到 θ_1 的解

$$\left. \begin{array}{l} \sin(\phi - \theta_1) = d_2/\rho ; \cos(\phi - \theta_1) = \pm\sqrt{1 - (d_2/\rho)^2} \\ \phi - \theta_1 = \text{atan2}\left[\dfrac{d_2}{\rho}, \pm\sqrt{1 - \left(\dfrac{d_2}{\rho}\right)^2}\right] \\ \theta_1 = \text{atan2}(p_y, p_x) - \text{atan2}(d_2, \pm\sqrt{p_x^2 + p_y^2 - d_2^2}) \end{array} \right\} \tag{3-135}$$

式中，正、负号分别对应于 θ_1 的两个可能解。

(2) 求 θ_3

在选定 θ_1 的一个解之后，再令矩阵方程(3-132) 两端的元素（1，4）和（3，4）分别对应相等，即得两方程

$$\left. \begin{array}{l} c_1 p_x + s_1 p_y = a_3 c_{23} - d_4 s_{23} + a_2 c_2 \\ -p_x = a_3 s_{23} + d_4 c_{23} + a_2 s_2 \end{array} \right\} \tag{3-136}$$

式(3-133) 与式(3-136) 的平方和为

$$a_3 c_3 - d_4 s_3 = k \tag{3-137}$$

式中，$k = \dfrac{p_x^2 + p_y^2 + p_z^2 - a_2^2 - a_3^2 - d_2^2 - d_4^2}{2a_2}$

方程式（3-137）中已经消去 θ_2，且方程式（3-133）与式（3-136）具有相同形式，因而可由三角代换求解 θ_3：

$$\theta_3 = \text{atan2}(a_3, d_4) - \text{atan2}(k, \pm\sqrt{a_3^2 + d_4^2 - k^2}) \tag{3-138}$$

式中，正、负号分别对应 θ_3 的两个可能解。

(3) 求 θ_2

为求解 θ_2，在矩阵方程（3-137）两边左乘逆变换 A_3^{-1}，可得

$$A_3^{-1}(\theta_1, \theta_2, \theta_3)\,{}^0T_6 = A_4(\theta_4)A_5(\theta_5)A_6(\theta_6)$$

$$\begin{bmatrix} c_1 c_{23} & s_1 c_{23} & s_{23} & -a_2 c_3 \\ -c_1 c_{23} & -s_1 s_{23} & -c_{23} & a_2 s_3 \\ -s_1 & c_1 & 0 & -d_2 \\ 0 & 0 & 0 & 1 \end{bmatrix} \begin{bmatrix} n_x & o_x & a_x & p_x \\ n_y & o_y & a_y & p_y \\ n_z & o_z & a_z & p_z \\ 0 & 0 & 0 & 1 \end{bmatrix} = {}^3T_6 \tag{3-139}$$

式中，${}^3T_6$ 见式（3-62）。

令矩阵方程（3-139）两边的元素（1，4）和（2，4）分别对应相等可得

$$\left.\begin{array}{c} c_1 c_{23} p_x + s_1 c_{23} p_y - s_{23} p_z - a_2 c_3 = a_3 \\ -c_1 s_{23} p_x - s_1 s_{23} p_y - c_{23} p_x + a_2 s_3 = d_4 \end{array}\right\}$$

联立求解得 s_{23} 和 c_{23}

$$\begin{cases} s_{23} = \dfrac{(-a_3 - a_2 c_3)p_z + (c_1 p_x + s_1 p_y)(a_2 s_3 - d_4)}{p_z^2 + (c_1 p_x + s_1 p_y)^2} \\ c_{23} = \dfrac{(-d_3 + a_2 s_3)p_z - (c_1 p_x + s_1 p_y)(-a_2 c_3 - a_3)}{p_z^2 + (c_1 p_x + s_1 p_y)^2} \end{cases}$$

s_{23} 和 c_{23} 表达式的分母相等，且为正。于是

$$\theta_{23} = \theta_2 + \theta_3 = \text{atan2}[-(a_3 + a_2 c_3)p_z + (c_1 p_x + s_1 p_y)(a_2 s_3 - d_4), (-d_4 + a_2 s_3)p_z + (c_1 p_x + s_1 p_y)(a_2 c_3 + a_3)] \tag{3-140}$$

根据 θ_1 和 θ_3 解的 4 种可能组合，由式（3-140）可以得到相应的 4 种可能值 θ_{23}，于是可得到 θ_2 的 4 种可能解。

$$\theta_2 = \theta_{23} - \theta_3 \tag{3-141}$$

式中，θ_2 取与 θ_3 相对应的值。

(4) 求 θ_4

因为式（3-139）的左边均为已知，令两边元素（1，3）和（3，3）分别对应相等，则可得

$$\begin{cases} a_x c_1 c_{23} + a_y s_1 c_{23} - a_z s_{23} = -c_4 s_5 \\ -a_x s_1 + a_y c_1 = s_4 s_5 \end{cases} \tag{3-142}$$

只要 $s_5 \neq 0$，便可求出 θ_4

$$\theta_4 = \text{atan2}(-a_x s_1 + a_y c_1, -a_x c_1 c_{23} - a_y s_1 c_{23} + a_z s_{23}) \tag{3-143}$$

当 $s_5 = 0$ 时，机械手处于奇异形位。此时，关节轴 4 和 6 重合，只能解出 θ_4 与 θ_6 的和

或差。奇异形位可以由式（3-143）中 atan2 的两个变量是否都接近零来判别。若都接近零，则为奇异形位，否则，不是奇异形位。在奇异形位时，可任意选取 θ_4 的值，再计算相应的 θ_6 值。

(5) 求 θ_5

根据求出的 θ_4，可进一步解出 θ_5，将式（3-139）两端左乘逆变换 $A_4^{-1}(\theta_1,\theta_2,\theta_3,\theta_4)$，

$$A_4^{-1}(\theta_1,\theta_2,\theta_3,\theta_4){}^0T_6 = A_5(\theta_5)A_6(\theta_6) \tag{3-144}$$

因式（3-144）的左边 θ_1、θ_2、θ_3 和 θ_4 均已解出，逆变换 $A_4^{-1}(\theta_1,\theta_2,\theta_3,\theta_4)$ 为

$$\begin{bmatrix} c_1c_{23}c_4+s_1s_4 & s_1c_{23}c_4-c_1s_4 & -s_{23}c_4 & -a_2c_3c_4+d_2s_4-a_3c_4 \\ -c_1c_{23}c_4+s_1s_4 & -s_1c_{23}c_4-c_1s_4 & s_{23}s_4 & a_2c_3s_4+d_2c_4+a_3s_4 \\ -c_1s_{23} & -s_1s_{23} & -c_{23} & a_2s_3-d_4 \\ 0 & 0 & 0 & 1 \end{bmatrix} \tag{3-145}$$

根据矩阵两边元素（1，3）和（3，3）分别对应相等，可得

$$\left. \begin{array}{l} a_x(c_1c_{23}c_4+s_1s_4)+a_y(s_1c_{23}c_4-c_1s_4)-a_z(s_{23}c_4)=-s_5 \\ a_x(-c_1s_{23})+a_y(-s_1s_{23})+a_z(-c_{23})=c_5 \end{array} \right\} \tag{3-146}$$

由此得到 θ_5 的封闭解

$$\theta_5 = \text{atan2}(s_5,c_5) \tag{3-147}$$

(6) 求 θ_6

将式（3-139）改写为

$$A_5^{-1}(\theta_1,\theta_2,\cdots,\theta_5){}^0T_6 = A_6(\theta_6) \tag{3-148}$$

令矩阵方程（3-148）两边元素（1，3）和（3，3）分别对应相等，可得

$$-n_x(c_1c_{23}s_4-s_1c_4)-n_y(s_1c_{23}s_4+c_1c_4)+n_z(s_{23}s_4)=s_6$$
$$n_x[(c_1c_{23}c_4+s_1s_4)c_5-c_1s_{23}s_5]+n_y[(s_1c_{23}c_4-c_1s_4)c_5-s_1s_{23}s_5]$$
$$-n_z(s_{23}c_4c_5+c_{23}s_5)=c_6 \tag{3-149}$$

从而可求出 θ_6 的封闭解

$$\theta_6 = \text{atan2}(s_6,c_6) \tag{3-150}$$

PUMA 560 的运动反解可能存在 8 种解。但是，由于结构的限制，例如，各关节变量不能在全部 360°范围内运动，有些解不能实现。在机器人存在多种解的情况下，应选取其中最满意的一组解，以满足机器人的工作要求。

3.6　移动机器人的运动学模型

目前，机器人学界对机械手的运动学和动力学已经了解得相当全面了。然而，机械手主要考虑的是关节运动学和动力学的控制问题，而移动机器人主要考虑的是质点运动学和动力学控制问题。从机械和数学本质上来说，它们是不同的。

移动机器人系统模型目前可分为运动学模型和动力学模型两大类，两种情况下机器人运动控制有不同的控制变量。一种为基于运动学模型的速度控制，另一种是基于动力学模型的力矩控制。本节将讨论两轮独立驱动方式的移动机器人的运动学模型。

以四轮机器人为例，其中后面两轮是独立驱动轮，前面两轮是万向轮，机器人的运动参

数和坐标系见图 3-17。

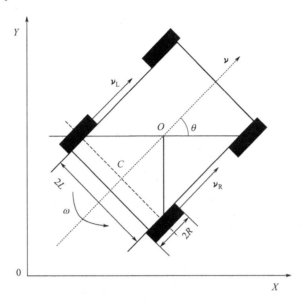

某移动机器人运动参数和坐标系

图中：

X、Y 为世界坐标系；

O：为移动机器人的几何中心；

C：是两驱动轮的轮轴中心；

R：车轮半径；

$2L$：两个驱动轮轮心间的距离；

v：机器人的前进速度；

ω：机器人车体的转动角速度；

v_L，v_R：机器人左右轮的线速度；

θ：机器人的姿势角；

假设机器人在水平面运动并且车轮不会发生形变。机器人两个固定的驱动轮由单独的驱动器分别驱动控制，假定车轮与地面接触点速度在垂直于车轮平面内的分量为零，驱动轮与地面"只能转动而不能滑动"，满足无滑动条件。在无滑动纯滚动的条件下，轮子在垂直于轮平面的速度分量为零，系统约束条件如下：

$$x \sin\theta - y \cos\theta = 0 \tag{3-151}$$

移动机器人连续系统的运动学模型为：

$$\begin{bmatrix} x \\ y \\ \theta \end{bmatrix} = \begin{bmatrix} \cos\theta & 0 \\ \sin\theta & 0 \\ 0 & 1 \end{bmatrix} \begin{bmatrix} v \\ \omega \end{bmatrix} \tag{3-152}$$

式中，(x, y) 为 C 点的坐标，$[x, y, \theta]^T$ 为机器人的状态。

移动机器人能够直接进行控制的是两个独立驱动电机，因此采用 $[v_L, v_R]$ 形式的输入控制量，来分别控制两个驱动轮。下面讨论如何将机器人的前进速度 v 和转动速度 ω 转化为机器人两个轮子的线速度 v_L 和 v_R。

机器人线速度为：

$$v = \frac{v_L + v_R}{2} \tag{3-153}$$

机器人角速度为：

$$\theta = \omega = \frac{v}{r} = \frac{v_L}{-L} = \frac{v_R}{L} \tag{3-154}$$

故可得：

$$\begin{bmatrix} v \\ \omega \end{bmatrix} = \begin{bmatrix} 1 & 1 \\ -\dfrac{1}{L} & \dfrac{1}{L} \end{bmatrix} \begin{bmatrix} v_L \\ v_R \end{bmatrix} \tag{3-155}$$

考虑机器人系统属于离散控制系统，设系统采样时间为 T，采用零阶保持器将前一采样时刻 $k-1$ 的采样值一直保持到下一采样时刻 k 到来之前。则机器人的运动学特性差分方程为：

$$\begin{bmatrix} x_k \\ y_k \\ \theta_k \end{bmatrix} = \begin{bmatrix} \cos\theta_k & 0 \\ \sin\theta_k & 0 \\ 0 & 1 \end{bmatrix} \begin{bmatrix} v \\ \omega \end{bmatrix} + \begin{bmatrix} x_{k-1} \\ y_{k-1} \\ \theta_{k-1} \end{bmatrix} \tag{3-156}$$

式(3-155) 代入式(3-156)，可得：

$$\begin{bmatrix} x_k \\ y_k \\ \theta_k \end{bmatrix} = \frac{1}{2} \begin{bmatrix} \cos\theta_k & \cos\theta_k \\ \sin\theta_k & \sin\theta_k \\ -\dfrac{1}{L} & \dfrac{1}{L} \end{bmatrix} \begin{bmatrix} v_L \\ v_R \end{bmatrix} + \begin{bmatrix} x_{k-1} \\ y_{k-1} \\ \theta_{k-1} \end{bmatrix} \tag{3-157}$$

第**4**章
机器人的动力学

　　机器人的动力学主要研究和分析作用于机器人上的力和力矩。为了使机器人加速运动，驱动器必须提供足够的力和力矩来驱动机器人运动。通过建立机器人的动力学方程来确定力、质量和加速度以及力矩、转动惯量和角加速度之间的关系，并计算出完成机器人特定运动时各驱动器所需的驱动力。通过机器人动力学分析，设计者可依据机器人的外部载荷计算出机器人的最大载荷，进而为机器人选择合适的驱动器。

　　如同运动学，动力学也有两个相反的问题。动力学正问题是已知机械手各关节的作用力或力矩，求各关节的位移、速度和加速度，即运动轨迹。动力学逆问题是已知机械手的运动轨迹，即各关节的位移、速度和加速度，求各关节所需要的驱动力或力矩。

　　随着工业机器人向高精度、高速、重载及智能化方向发展，对机器人设计和控制方面的要求更高了，尤其是对控制方面，机器人要求动态实时控制的场合越来越多了，所以机器人的动力学分析尤为重要。本章以工业机器人为例讨论工业机器人的动力学。

　　工业机器人是复杂的动力学系统，由多个连杆和多个关节组成，具有多个输入和多个输出，存在着错综复杂的耦合关系和严重的非线性。目前，常用的方法有拉格朗日（Lagrange）和牛顿-欧拉（Newton-Euler）等方法。其中，牛顿-欧拉法是基于运动坐标系和达朗贝尔原理来建立相应的运动方程，是力的动态平衡法。当用此法时，需从运动学出发求得加速度，并消去各内作用力。对于较复杂的系统，此种分析方法十分复杂与麻烦。拉格朗日法是功能平衡法，它只需要速度而不必内作用力。因此，这是一种直截而简便的方法。

4.1　拉格朗日法

　　下面介绍拉格朗日动力学方程。

　　拉格朗日函数 L 被定义为系统的动能 K 和势能 P 之差，即

$$L = K - P \tag{4-1}$$

式中　K——机器人手臂的总动能；

　　　　P——机器人手臂的总势能。

　　机器人系统的拉格朗日方程为

$$\tau_i = \frac{\mathrm{d}}{\mathrm{d}t}\left(\frac{\partial L}{\partial \dot{q}_i}\right) - \frac{\partial L}{\partial q_i} \qquad i=1,2,\cdots,n \tag{4-2}$$

式中　τ_i——在关节 i 处作用于系统以驱动杆件 i 的广义力或力矩；

　　　q_i——机器人的广义关节变量；

　　　$\dot{q}_i$——广义关节变量 q_i 对时间的一阶导数。

若操作机的执行元件控制某个转动变量 θ，则执行元件的总力矩 $\tau_{\theta i}$ 应为

$$\tau_{\theta i} = \frac{\mathrm{d}}{\mathrm{d}t}\left(\frac{\partial L}{\partial \dot{\theta}_i}\right) - \frac{\partial L}{\partial \theta_i} \tag{4-3}$$

若操作机的执行元件控制某个移动变量 r 时，则施加在运动方向 r 上的力 τ_{ri} 应为

$$\tau_{ri} = \frac{\mathrm{d}}{\mathrm{d}t}\left(\frac{\partial L}{\partial \dot{r}_i}\right) - \frac{\partial L}{\partial r_i} \tag{4-4}$$

用拉格朗日法建立机器人动力学方程的步骤为：

① 选取坐标系，选定独立的广义关节变量 q_i（$i=1,2,\cdots,n$）；

② 选定相应的广义力 F_i；

③ 求出各构件的动能和势能，构造拉格朗日函数；

④ 代入拉格朗日方程求得机器人系统的动力学方程。

【例 4-1】　理想条件下，分别用拉格朗日力学和牛顿力学推导如图 4-1 所示的单自由度系统的力和加速度关系，假设车轮的惯量可以忽略不计。

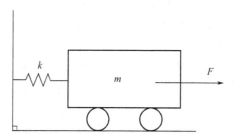

图 4-1　单自由度系统的力和加速度示意图

　　解：因这是一个由小车和弹簧组成的单自由度系统，所以一个方程就可以描述系统的运动。由于是直线运动，可以得到：

$$K = \frac{1}{2}mv^2 = \frac{1}{2}m\dot{x}^2 \tag{4-5}$$

$$P = \frac{1}{2}kx^2 \tag{4-6}$$

由此可以求出拉格朗日函数：

$$L = K - P = \frac{1}{2}m\dot{x}^2 - \frac{1}{2}kx^2$$

其导数为：

$$\frac{\partial L}{\partial \dot{x}} = m\dot{x} \tag{4-7}$$

$$\frac{\mathrm{d}}{\mathrm{d}t}(m\dot{x}) = m\ddot{x} \tag{4-8}$$

$$\frac{\partial L}{\partial x} = -kx \tag{4-9}$$

于是求得小车的运动方程为:

$$F = m\ddot{x} + kx \tag{4-10}$$

下面再用牛顿力学求解,对系统进行受力分析后,很容易就可以得到系统的受力方程为:

$$\sum F = ma \tag{4-11}$$

其中:

$$F - kx = ma \tag{4-12}$$

整理之后可以得到:

$$F = ma + kx \tag{4-13}$$

很容易得出这样一个结论,对于一个简单系统,用牛顿力学求解更容易,下面求解一个稍微复杂一点的系统。

【例4-2】 理想条件下,用拉格朗日力学推导如图4-2所示的单自由度系统的力和加速度关系,假设车轮的惯量可以忽略不计。

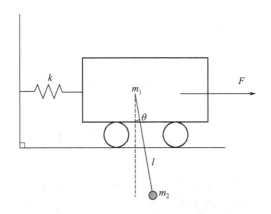

图4-2 单自由度系统的力和加速度示意图

解:对于这样一个系统,可以分析出其有两个自由度,分别为两个坐标参数 x 和 θ。因此,系统的两个运动方程为小车的直线运动和单摆的角运动。其中系统的动能包括车和摆的动能:

$$K = K_{车} + K_{摆} \tag{4-14}$$

分别写出其动能方程为:

$$K_{车} = \frac{1}{2} m_1 \dot{x}^2 \tag{4-15}$$

$$K_{摆} = \frac{1}{2} m_2 (\dot{x} + l\dot{\theta}\cos\theta)^2 + \frac{1}{2} m_2 (l\dot{\theta}\sin\theta)^2 \tag{4-16}$$

得到系统的总动能为:

$$K = \frac{1}{2}(m_1 + m_2)\dot{x}^2 + \frac{1}{2}m_2(l^2\dot{\theta}^2 + 2l\dot{x}\dot{\theta}\cos\theta) \tag{4-17}$$

同样,系统的势能包括弹簧和摆的势能:

$$P = \frac{1}{2}kx^2 + m_2 gl(1-\cos\theta) \tag{4-18}$$

得到拉格朗日方程为：

$$L = K - P = \frac{1}{2}(m_1+m_2)\dot{x}^2 + \frac{1}{2}m_2(l^2\dot{\theta}^2 + 2l\dot{\theta}\dot{x}\cos\theta) - \frac{1}{2}kx^2 - m_2 gl(1-\cos\theta)$$

$$\tag{4-19}$$

和直线运动有关的导数及运动方程为：

$$\frac{\partial L}{\partial \dot{x}} = (m_1+m_2)\dot{x} + m_2 l\dot{\theta}\cos\theta \tag{4-20}$$

$$\frac{\mathrm{d}}{\mathrm{d}t}\left(\frac{\partial L}{\partial \dot{x}}\right) = (m_1+m_2)\ddot{x} + m_2 l\ddot{\theta}\cos\theta - m_2 l\dot{\theta}^2\sin\theta \tag{4-21}$$

$$\frac{\partial L}{\partial x} = -kx \tag{4-22}$$

得到：

$$F = (m_1+m_2)\ddot{x} + m_2 l\ddot{\theta}\cos\theta - m_2 l\dot{\theta}^2\sin\theta + kx \tag{4-23}$$

对于旋转运动：

$$\frac{\partial L}{\partial \dot{\theta}} = m_2 l^2\dot{\theta} + m_2 l\dot{x}\cos\theta \tag{4-24}$$

$$\frac{\mathrm{d}}{\mathrm{d}t}\left(\frac{\partial L}{\partial \dot{\theta}}\right) = m_2 l^2\ddot{\theta} + m_2 l\ddot{x}\cos\theta - m_2 l\dot{x}\dot{\theta}\sin\theta \tag{4-25}$$

$$\frac{\partial L}{\partial \theta} = -m_2 gl\sin\theta - m_2 l\dot{x}\dot{\theta}\sin\theta \tag{4-26}$$

得到：

$$T = m_2 l^2\ddot{\theta} + m_2 l\ddot{x}\cos\theta + m_2 gl\sin\theta \tag{4-27}$$

综上推导的结果，将两个运动方程整理如下：

$$F = (m_1+m_2)\ddot{x} + m_2 l\ddot{\theta}\cos\theta - m_2 l\dot{\theta}^2\sin\theta + kx \tag{4-28}$$

$$T = m_2 l^2\ddot{\theta} + m_2 l\ddot{x}\cos\theta + m_2 gl\sin\theta \tag{4-29}$$

为方便分析，将其写成矩阵的形式：

$$\begin{pmatrix} F \\ T \end{pmatrix} = \begin{pmatrix} m_1+m_2 & m_2 l\cos\theta \\ m_2 l\cos\theta & m_2 l^2 \end{pmatrix}\begin{pmatrix} \ddot{x} \\ \ddot{\theta} \end{pmatrix} + \begin{pmatrix} 0 & m_2 l\sin\theta \\ 0 & 0 \end{pmatrix}\begin{pmatrix} \dot{x}^2 \\ \dot{\theta} \end{pmatrix} + \begin{pmatrix} kx \\ m_2 gl\sin\theta \end{pmatrix} \tag{4-30}$$

由此可以看出，对于求解复杂系统的运动方程，采用拉格朗日力学进行求解更加方便。

4.2　机器人动力学方程

4.2.1　n 自由度机器人操作臂动力学方程

下面推导 n 自由度机器人操作臂动力学方程，要用到第 3 章中讨论的齐次坐标变换矩阵。

(1) 机器人操作臂的动能

拉格朗日法要求知道实际系统的动能，也就是要求知道每个关节的速度。

令 ^ir_i 为固定在杆件 i 上的一个点在第 i 杆件坐标系中的齐次坐标，即 $^ir_i = (x_i,\ y_i,\ z_i,\ 1)^T$，则 ^ir_i 点在基座坐标系中的齐次坐标为 ^0r_i，有：

$$^0r_i = {}^0A_i{}^ir_i \tag{4-31}$$

其中，^0A_i 是联系第 i 坐标系和基座坐标系间的齐次坐标变换矩阵，且

$$^0A_i = {}^0A_1{}^1A_2\cdots{}^{i-1}A_i \tag{4-32}$$

对于刚体运动，则点 ^ir_i 相对基座坐标系的速度可表示为：

$$^0v_i = v_i = \frac{\mathrm{d}}{\mathrm{d}t}(^0r_i) = \frac{\mathrm{d}}{\mathrm{d}t}(^0A_i{}^0r_i) = \left[\sum_{j=1}^i \frac{\partial {}^0A_i}{\partial q_j}\dot{q}_j\right]^ir_i \tag{4-33}$$

为简化符号，定义 $U_{ij} \triangleq \dfrac{\partial {}^0A_i}{\partial q_j}$，则

$$v_i = \left[\sum_{j=1}^i U_{ij}\dot{q}_j\right]^ir_i \tag{4-34}$$

根据 v_i，可以求出杆件 i 的动能，设 k_i 是杆件 i 在基座坐标系表示的动能，$\mathrm{d}k_i$ 是杆件 i 上微元质量 $\mathrm{d}m$ 的动能，则

$$\mathrm{d}k_i = \frac{1}{2}(\dot{x}_i^2 + \dot{y}_i^2 + \dot{z}_i^2)\mathrm{d}m = \frac{1}{2}T_r(v_iv_i^T)\mathrm{d}m \tag{4-35}$$

$$= \frac{1}{2}T_r\left\{\left(\sum_{p=1}^i U_{ip}\dot{q}_p\right)^ir_i\left[\left(\sum_{r=1}^i U_{ir}\dot{q}_r\right)^ir_i\right]^T\right\}\mathrm{d}m \tag{4-36}$$

$$= \frac{1}{2}T_r\left[\sum_{p=1}^i\sum_{r=1}^i U_{ip}({}^ir_i\mathrm{d}m{}^ir_i^T)U_{ir}^T\dot{q}_p\dot{q}_r\right] \tag{4-37}$$

由于对杆件 i 上的各点来说，U_{ij} 是常数，且杆件 i 的质量分布无关。$\dot{q}_i$ 也与杆件 i 的质量分布无关。这样，对微元质量的动能求和，并把积分号放到括号里面去，可得到杆件 i 的动能，即

$$k_i = \int \mathrm{d}k_i = \frac{1}{2}T_r\left[\sum_{p=1}^i\sum_{r=1}^i U_{ip}\left(\int {}^ir_i{}^ir_i^T\mathrm{d}m\right)U_{ir}^T\dot{q}_p\dot{q}_r\right] \tag{4-38}$$

上式中圆括号内的积分项是杆件 i 上各点的惯量，即

$$J_i = \int {}^ir_i{}^ir_i^T\mathrm{d}m = \begin{bmatrix} \int x_i^2\mathrm{d}m & \int x_iy_i\mathrm{d}m & \int x_iz_i\mathrm{d}m & \int x_i\mathrm{d}m \\ \int x_iy_i\mathrm{d}m & \int y_i^2\mathrm{d}m & \int y_iz_i\mathrm{d}m & \int y_i\mathrm{d}m \\ \int x_iz_i\mathrm{d}m & \int y_iz_i\mathrm{d}m & \int z_i^2\mathrm{d}m & \int z_i\mathrm{d}m \\ \int x_i\mathrm{d}m & \int y_i\mathrm{d}m & \int z_i\mathrm{d}m & \int \mathrm{d}m \end{bmatrix} \tag{4-39}$$

若定义惯性张量 I_{ij} 为

$$I_{ij} = \int\left[\delta_{ij}\left(\sum_k x_k^2\right) - x_ix_j\right]\mathrm{d}m \tag{4-40}$$

式中，下脚标 i、j、k 表示第 i 个杆件坐标系的三根主轴，则 J_i 可用惯性张量表示成下式

$$J_i = \begin{bmatrix} \dfrac{-I_{xx}+I_{yy}+I_{zz}}{2} & -I_{xy} & -I_{xz} & m_i\bar{x}_i \\[2mm] -I_{xy} & \dfrac{I_{xx}-I_{yy}+I_{zz}}{2} & -I_{yz} & m_i\bar{y}_i \\[2mm] -I_{xz} & -I_{yz} & \dfrac{I_{xx}+I_{yy}-I_{zz}}{2} & m_i\bar{z}_i \\[2mm] m_i\bar{x}_i & m_i\bar{y}_i & m_i\bar{z}_i & m_i \end{bmatrix} \tag{4-41}$$

式中 $^i\bar{r}_i = (\bar{x}_i, \bar{y}_i, \bar{z}_i, 1)^{\mathrm{T}}$ 是杆件 i 的质心矢量在杆件 i 坐标系中的坐标。

这样，机器人操作臂的总动能为

$$K = \sum_{i=1}^{n} K_i = \frac{1}{2}\sum_{i=1}^{n} T_r\left[\sum_{p=1}^{i}\sum_{r=1}^{i} U_{ip}I_i U_{ir}^{\mathrm{T}} \dot{q}_p \dot{q}_r\right] \tag{4-42}$$

$$= \frac{1}{2}\sum_{i=1}^{n}\sum_{p=1}^{i}\sum_{r=1}^{i}\left[T_r(U_{ip}I_i U_{ir}^{\mathrm{T}})\dot{q}_p\dot{q}_r\right] \tag{4-43}$$

机器人操作臂的动能是一个标量，而且 J_i 取决于杆件 i 的质量分布，与其位置和运动速度无关，同时 J_i 是在 i 坐标系中表示的。

(2) 机器人操作臂的势能

机器人的每个杆件的势能是

$$P_i = -m_i g\,^0\bar{r}_i = -m_i g(^0A_i\,^i\bar{r}_i) \qquad i=1,2,\cdots,n \tag{4-44}$$

对各杆件的势能求和，就得到机器人操作臂的总势能

$$P = \sum_{i=1}^{n} P_i = \sum_{i=1}^{n}\left[-m_i g(^0A_i\,^i\bar{r}_i)\right] \tag{4-45}$$

式中，$g=(g_x, g_y, g_z, 0)$ 是在基座坐标系表示的重力行矢量。对于水平基座，$g=(0,0,-|g|,0)$，其中，g 为重力加速度。

(3) 机器人操作臂的动力学方程

由前面得到的机器人操作臂的动能和势能表达式，可得到机器人操作臂的拉格朗日函数为

$$L = K - P = \frac{1}{2}\sum_{i=1}^{n}\sum_{j=1}^{i}\sum_{k=1}^{j}\left[T_r(U_{ij}J_i U_{ik}^{\mathrm{T}})\dot{q}_j\dot{q}_k\right] + \sum_{i=1}^{n} m_i g(^0A_i\,^i\bar{r}_i) \tag{4-46}$$

利用拉格朗日函数，可以得到关节 i 驱动器驱动操作臂的第 i 个杆件所需要的广义力矩

$$\tau_i = \frac{\mathrm{d}}{\mathrm{d}t}\left(\frac{\partial L}{\partial \dot{q}_i}\right) - \frac{\partial L}{\partial q_i}$$

$$= \sum_{j=1}^{n}\sum_{k=1}^{j}\left[T_r(U_{jk}J_j U_{ji}^{\mathrm{T}})\ddot{q}_k\right] + \sum_{k=i}^{n}\sum_{k=1}^{j}\sum_{m=1}^{j}\left[T_r(U_{jkm}J_j U_{ji}^{\mathrm{T}})\dot{q}_k\dot{q}_m\right] - \sum_{j=1}^{n} m_j g U_{ji}\,^j\bar{r}_j \tag{4-47}$$

式中，$i=1, 2, \cdots, n$；而 $U_{jkm} \triangleq \dfrac{\partial U_{jk}}{\partial q_m}$。

上述方程可以写成

$$\tau_i = \sum_{j=1}^{n} D_{ij}\ddot{q}_j + I_{ai}\ddot{q}_i + \sum_{j=1}^{n}\sum_{k=1}^{n} C_{ijk}\dot{q}_j\dot{q}_k + D_i \qquad i=1,2,\cdots,n \tag{4-48}$$

或更简单的矩阵形式

$$\tau = D(q)\ddot{q} + h(q,\dot{q}) + G(q) + F(q,\dot{q}) \tag{4-49}$$

其中：q、$\dot{q}$、$\ddot{q}$ 分别为关节位置、速度和加速度，τ_i 为关节驱动力矩，D_{ij} 为惯性矩阵，C_{ijk} 为离心力和哥氏力，D_i 为重力项，I_{ai} 为传动装置的等效转动惯量。

D_{ij}、C_{ijk} 和 D_i 的计算一般很复杂，但在下面一些情况下，某些系数可能等于零。

① 操作臂的特殊运动学设计可消除关节运动之间的某些动力耦合（系数 D_{ij} 和 C_{ijk}）。

② 某些与速度有关的动力系数只是名义上存在于 C_{ijk} 式中，实际上它们是不存在的。例如，离心力将不会与产生它的关节的运动相互作用，即总有 $C_{iii}=0$，但它却与其他关节的运动相互作用，即可能有 $C_{jii} \neq 0$。

③ 由于运动中杆件形态的特殊变化，有些动力系数在某些特定时刻可能变为零。

4.2.2　机器人操作臂动力学方程系数的简化

拉格朗日动力学方程给出了机器人动力学的显式状态方程，可用来分析和设计高级的关节变量空间的控制策略。它既可用于解决动力学正问题，即给定力和力矩，用动力学方程求解关节的加速度，再积分求得速度及广义坐标；也可用于解决动力学逆问题，即给定广义坐标和它们的前两阶时间导数，求广义力和力矩。在两种情况下，可能都需要计算 D_{ij}、C_{ijk} 和 D_i。因计算这些系数需要大量的算术运算，所以上述方程需要简化处理，否则很难用于实时控制。

D_{ij}、C_{ijk} 和 D_i 的计算公式如下：

$$D_{ij} = \sum_{p=\max i,j}^{n} \text{Trace}\left(\frac{\partial T_p}{\partial q_j} I_p \frac{\partial T_p^{\mathrm{T}}}{\partial q_i}\right) \tag{4-50}$$

$$C_{ijk} = \sum_{p=\max i,j,k}^{n} \text{Trace}\left(\frac{\partial^2 T_p}{\partial q_j \partial q_k} I_p \frac{\partial T_p^{\mathrm{T}}}{\partial q_i}\right) \tag{4-51}$$

$$D_i = \sum_{p=i}^{n} \left(-m_p \boldsymbol{g}^{\mathrm{T}} \frac{\partial T_p}{\partial q_i}\, {}^p\boldsymbol{r}_p\right) \tag{4-52}$$

对惯量项 D_{ij} 进行简化可得：

$$D_{ij} = \sum_{p=\max i,j}^{n} m_p \{[{}^p\delta_{ix}k_{pxx}^2{}^p\delta_{jx} + {}^p\delta_{iy}k_{pyy}^2{}^p\delta_{jy} + {}^p\delta_{iz}k_{pzz}^2{}^p\delta_{jz}]$$
$$+ {}^p\boldsymbol{d}_i\,{}^p\boldsymbol{d}_j + [{}^p\boldsymbol{r}_p({}^p\boldsymbol{d}_i \times {}^p\boldsymbol{\delta}_j + {}^p\boldsymbol{d}_j \times {}^p\boldsymbol{\delta}_i)]\} \tag{4-53}$$

对于旋转关节，式（4-53）中的微分平移矢量和微分旋转矢量可由下面的公式计算得出

$${}^p\boldsymbol{d}_{ix} = -{}^{i-1}n_{px}\,{}^{i-1}n_{py} + {}^{i-1}n_{py}\,{}^{i-1}n_{px}$$
$${}^p\boldsymbol{d}_{iy} = -{}^{i-1}o_{px}\,{}^{i-1}n_{py} + {}^{i-1}o_{py}\,{}^{i-1}n_{px}$$
$${}^p\boldsymbol{d}_{iz} = -{}^{i-1}a_{px}\,{}^{i-1}n_{py} + {}^{i-1}a_{py}\,{}^{i-1}n_{px} \tag{4-54}$$
$${}^p\delta_i = {}^{i-1}n_{pz}i + {}^{i-1}o_{pz}j + {}^{i-1}a_{pz}k$$

对于平移关节，式（4-53）中的微分平移矢量和微分旋转矢量可由下面的公式计算得出

$${}^p d_i = {}^{i-1}n_{pz}i + {}^{i-1}o_{pz}j + {}^{i-1}a_{pz}k$$
$${}^p\delta_i = 0i + 0j + 0k \tag{4-55}$$

式（4-53）中，第一项表示连杆 p 上质量分布的影响，第二项表示有效力矩臂在连杆 p 偏离大小的影响，最后一项是由于连杆 p 的质心不在连杆 p 坐标系原点而产生的。如果各连杆的质心偏离得很远时，上述第二项将起主要作用，从而可以忽略第一项和第三项的影响，即

$$D_{ij} = \sum_{p=\max i,j}^{n} m_p ({}^p\boldsymbol{d}_i {}^p\boldsymbol{d}_j) \tag{4-56}$$

当 $i=j$ 时，如果为旋转关节，D_{ii} 为

$$D_{ij} = \sum_{p=i}^{n} m_p \{[n_{px}^2 k_{pxx}^2 + o_{py}^2 k_{pyy}^2 + a_{pz}^2 k_{pzz}^2] + \boldsymbol{p}_p \boldsymbol{p}_p$$
$$+ 2^p\boldsymbol{r}_p [(\boldsymbol{p}_p \boldsymbol{n}_p)\boldsymbol{i} + (\boldsymbol{p}_p \boldsymbol{o}_p)\boldsymbol{j} + (\boldsymbol{p}_p \boldsymbol{a}_p)\boldsymbol{k}]\} \tag{4-57}$$

如果为移动关节，D_{ii} 可进一步简化是

$$D_{ii} = \sum_{p=i}^{n} m_p \tag{4-58}$$

重力项 D_i 可简化是

$$D_i = {}^{i-1}\boldsymbol{g} \sum_{p=i}^{6} m_p {}^{i-1}\boldsymbol{r}_p \tag{4-59}$$

其中，对于转动关节是

$${}^{i-1}g = [-\boldsymbol{go}, \boldsymbol{gn}, 0, 0] \tag{4-60}$$

移动关节是

$${}^{i-1}g = [0, 0, 0, -\boldsymbol{ga}] \tag{4-61}$$

4.2.3　考虑非刚体效应的动力学模型

值得注意的是，在前面推导的动力学方程未能包含全部作用于操作臂上的力。它们只包含了刚体力学中的那些力，而没有包含摩擦力。然而，摩擦力也是一种非常重要的力，所有机构都必然受到摩擦力的影响。在目前机器人的传动机构中，例如被普遍采用的齿轮传动机构中，由于摩擦力产生的力是相当大的，即在典型工况下大约为操作臂驱动力矩的 25%。

为了使动力学方程能够反映实际的工况，建立机器人的摩擦力模型是非常必要的。其中，最简单的摩擦力模型就是黏性摩擦，摩擦力矩与关节运动速度成正比，因此有

$$\tau_{\mathrm{fv}} = v \dot{q} \tag{4-62}$$

式中，v 是黏性摩擦因数。

另一个摩擦力模型是库仑摩擦，它是一个常数，符号取决于关节速度，即

$$\tau_{\mathrm{fc}} = c \, \mathrm{sgn}(\dot{q}) \tag{4-63}$$

式中，c 是库仑摩擦因数。当 $\dot{q}=0$ 时，c 值一般取为 1，通常称为静摩擦因数；当 $\dot{q} \neq 0$ 时，c 值小于 1，称为动摩擦因数。

对某个操作臂来说，采用黏性摩擦模型还是库仑摩擦模型是一个比较复杂的问题，这与润滑情况及其他影响因素有关。比较合理的模型是二者兼顾，即

$$\tau_{\mathrm{f}} = \tau_{\mathrm{fv}} + \tau_{\mathrm{fc}} = v \dot{q} + c \, \mathrm{sgn}(\dot{q}) \tag{4-64}$$

在许多操作臂关节中，摩擦力也与关节位置有关。主要原因是齿轮失圆，齿轮的偏心将会导致摩擦力随关节位置而变化，因此一个比较复杂的摩擦力模型为

$$\tau_{\mathrm{f}} = f(q, \dot{q}) \tag{4-65}$$

这样，考虑摩擦力的刚体动力学模型为

$$\tau = D(q)\ddot{q} + h(q, \dot{q}) + G(q) + F(q, \dot{q}) \tag{4-66}$$

上述建立的是考虑非刚体效应的刚体动力学模型。对于柔性臂，容易产生共振和其他动态现象。这些影响因素的建模十分复杂，已经超出了本书的范围，可参考有关文献。

4.3 动力学仿真

为了对操作臂的运动进行仿真，必须采用前面建立的动力学模型，由封闭形式的动力学方程（4-66），可通过仿真求出动力学方程中的加速度

$$\ddot{q} = D^{-1}(q)\left[\tau - h(q,\dot{q}) - G(q) - F(q,\dot{q})\right] \tag{4-67}$$

然后利用数值积分方法对加速度积分，即可计算出位置和速度。

如果已知操作臂运动的初始条件为下面的形式

$$q(0) = q_0 \tag{4-68}$$

$$\dot{q}(0) = 0 \tag{4-69}$$

采用欧拉积分方法，从 $t=0$ 开始，取步长为 Δt，进行迭代计算

$$\dot{q}(t+\Delta t) = \dot{q}(t) + \ddot{q}(t)\Delta t \tag{4-70}$$

$$q(t+t\Delta) = q(t) + \dot{q}(t)\Delta t + \frac{1}{2}\ddot{q}(t)\Delta t^2 \tag{4-71}$$

式(4-70) 和式(4-71) 中，每次迭代要用式(4-67) 计算一次 $\ddot{q}$。这样，通过输入已知的力矩函数，用数值积分方法即可求出操作臂的位置、速度和加速度。

数值积分步长 Δt 的选择，一方面要小到将连续时间离散为很小的时间增量，使得满足近似性的要求，另一方面不应当过小，否则仿真计算花费的时间过长。欧拉积分法是最简单的一种数值积分方法，其他更复杂更精确的积分方法也可用于动力学仿真。

第5章
机器人的轨迹规划

本章介绍机器人的轨迹规划。这里的轨迹是指操作臂（末端执行器）空间运动的位姿、速度和加速度的时间历程。轨迹规划就是根据机器人的作业任务要求，对末端执行器的空间运动进行设计，使之能够从初始状态沿着期望的轨迹运动到终点状态。

当指定工业机器人执行某项操作作业时，往往会附加一些约束条件，如沿指定路径运动及要求运动平稳等。这就提出了对机器人运动轨迹进行规划和协调的问题。由于运动轨迹可在关节坐标空间中描述，也可在直角坐标空间中指定，从而形成了关节空间和直角坐标空间机器人运动轨迹的规划和生成方法。在关节空间中进行轨迹规划是指将所有关节变量表示为时间的函数，用这些关节函数及其一阶、二阶导数描述机器人预期的运动。在直角坐标空间中进行轨迹规划，是指将末端执行器位置、速度和加速度表示为时间的函数，而相应的关节位置、速度和加速度由末端执行器信息导出。

5.1 关节空间描述与直角坐标空间描述

考虑一个六轴机器人从空间位置 A 点向 B 点运动。使用第 2 章中导出的机器人逆运动学方程，可以计算出机器人到达新位置时关节的总位移，机器人控制器利用所算出的关节值驱动机器人到达新的关节值，从而使机器人操作臂运动到新的位置。采用关节量来描述机器人的运动称为关节空间描述。正如后面将看到的，虽然在这种情形下机器人最终将移动到期望位置，但机器人在这两点之间的运动是不可预知的。

假设在 A、B 两点之间画一直线，希望机器人从 A 点沿该直线运动到 B 点。为达到此目的，须将图 5-1 中所示的直线分为许多小段，并使机器人的运动经过所有中间点。为完成这一任务，在每个中间点处都要求解机器人的逆运动学方程，计算出一系列的关节量，然后由控制器驱动关节到达下一目标点。当所有线段都完成时，机器人便到达所希望的 B 点。然而在该例中，与前面提到的关节空间描述不同，这里机器人在所有时刻的位姿运动都是已知的。机器人所产生的运动序列首先在直角坐标空间中进行描述，然后转化为关节空间描述。由这个简单例子可以看出，直角坐标空间描述的计算量远大于关节空间描述，然而使用该方法能得到一条可控且可预知的路径。

关节空间和直角坐标空间这两种描述都很有用，但都有其长处与不足。由于直角坐标空

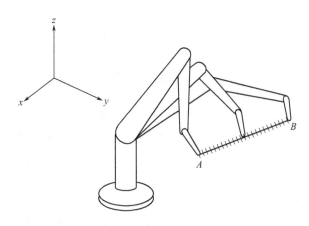

图 5-1　机器人沿循直线的依次运动

间轨迹在常见的直角坐标空间中表示，因此非常直观，人们能很容易地看到机器人末端执行器的轨迹。然而，直角坐标空间轨迹计算量大，需要较快的处理速度才能得到类似关节空间轨迹的计算精度。此外，虽然在直角坐标空间的轨迹非常直观，但难以确保不存在奇异点。例如在图 5-2(a) 中，如稍不注意就可能使指定的轨迹穿入机器人自身，或使轨迹到达工作空间之外，这些自然是不可能实现的，而且也不可能求解。由于在机器人运动之前无法事先得知其位姿，这种情况完全有可能发生。此外，如图 5-2(b) 所示，两点间的运动有可能使机器人关节值发生突变，这也是不可能实现的。对于上述一些问题，可以指定机器人必须通过的中间点来避开障碍物或其他奇异点。

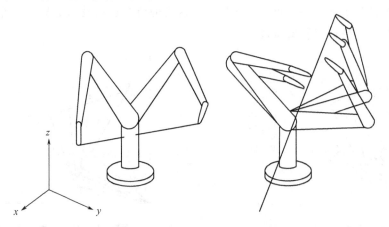

(a) 在直角坐标空间指定的轨迹穿入机器人自身　　(b) 指定的轨迹使机器人关节值发生突变

图 5-2　直角坐标空间轨迹的问题

5.2　轨迹规划的基本原理

这里以两自由度机器人为例，介绍在关节空间和在直角坐标空间进行轨迹规划的基本原理。如图 5-3 所示，要求机器人从 A 点运动到 B 点。机器人在 A 点时的关节角为 $\alpha = 20°$，$\beta = 30°$。假设已算出机器人达到 B 点时的关节角为 $\alpha = 40°$，$\beta = 80°$，同时已知机器人两个关节运动的最大速率均为 $10°/\mathrm{s}$。机器人从 A 点运动到 B 点的一种方法是使所有关节都以其最

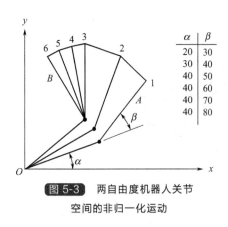

α	β
20	30
30	40
40	50
40	60
40	70
40	80

图 5-3 两自由度机器人关节空间的非归一化运动

大角速度运动，这就是说，机器人下方的连杆用 2s 即可完成运动，而如图 5-3 所示，上方的连杆还需再运动 3s。图 5-3 中画出了操作臂末端的轨迹，可见其路径是不规则的，操作臂末端走过的距离也是不均匀的。

将机器人操作臂两个关节的运动用一个公共因子做归一化处理，使其运动范围较小的关节运动成比例地减慢，这样可使得两个关节能够同步开始和同步结束运动。这时两个关节以不同速度一起连续运动，即 α 每秒改变 4°，而 β 每秒改变 10°。从图 5-4 可以看出，得出的轨迹与前面不同，该运动轨迹的各部分比以前更加均衡，但是所得路径仍然是不规则的。这两个例子都是在关节空间中进行规划的，所需的计算仅是运动终点的关节量，而第二个例子中还进行了关节速率的归一化处理。

现在假设希望机器人的末端执行器沿 A 点到 B 点之间的一条已知直线路径运动。最简单的解决方法是首先在 A 点和 B 点之间画一直线，再将这条线等分为几部分，例如分为 5 份，然后如图 5-5 所示计算出各点所需要的 α 和 β 值，这一过程称为在 A 点和 B 点之间插值。可以看出，这时路径是一条直线，而关节角并非均匀变化。虽然得到的运动是一条已知的直线轨迹，但必须计算直线上每点的关节量。显然，如果路径分割的部分太少，将不能保证机器人在每一段内严格地沿直线运动。为获得更好的沿循精度，就需要对路径进行更多的分割，也就需要计算更多的关节点。由于机器人轨迹的所有运动段都是基于直角坐标进行计算的，因此它是直角坐标空间的轨迹。

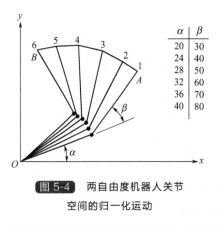

α	β
20	30
24	40
28	50
32	60
36	70
40	80

图 5-4 两自由度机器人关节空间的归一化运动

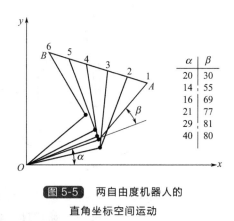

α	β
20	30
14	55
16	69
21	77
29	81
40	80

图 5-5 两自由度机器人的直角坐标空间运动

在前面的例子中均假设机器人的驱动装置能够提供足够大的功率来满足关节所需的加速和减速，如前面假设操作臂在路径第一段运动的一开始就可立刻加速到所需的期望速度。如果这一点不成立，机器人所沿循的将是一条不同于前面所设想的轨迹，即在加速到期望速度之前的轨迹将稍稍落后于设想的轨迹。为了改进这一状况，可对路径进行不同方法的分段，即操作臂开始加速运动时的路径分段较小，随后使其以恒定速度运动，而在接近 B 点时再在较小的分段上减速，如图 5-6 所示。当然对于路径上的每一点仍须求解机器人的逆运动学方程，这与前面几种情况类似。如在该例中，不是将直线段 AB 等分，而是在开始时基于方

程 $(1/2)at^2$ 进行划分，直到其到达所需要的运动速度时为止，末端运动则依据减速过程类似地进行划分。

还有一种情况是轨迹规划的路径并非直线，而是某个期望路径（例如二次曲线），这时必须基于期望路径计算出每一段的坐标，并进而计算相应的关节量才能实现沿循期望路径运动。至此只考虑了机器人在 A、B 两点间的运动，而在多数情况下，可能要求机器人顺序通过许多点。下面进一步讨论多点间的轨迹规划，并最终实现连续运动。

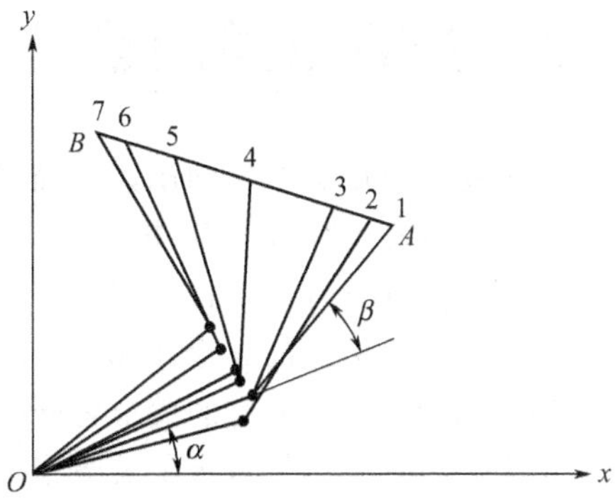

图 5-6 具有加速和减速段的轨迹规划

如图 5-7 所示，假设机器人从 A 点经过 B 点运动到 C 点。一种方法是从 A 向 B 先加速，再匀速，接近 B 时减速并在到达 B 时停止，然后由 B 到 C 重复这一个过程。这一停一走的不平稳运动包含了不必要的停止动作。一种可行方法是将 B 点两边的运动进行平滑过渡。机器人先抵达 B 点（如果必要的话可以减速），然后沿着平滑过渡的路径重新加速，最终抵达并停在 C 点。平滑过渡的路径使机器人的运动更加平稳，降低了机器人的应力水平，并且减少了能量消耗。如果机器人的运动由许多段组成，所有的中间运动段都可以采用过渡的方式平滑连接在一起。但必须注意由于采用了平滑过渡曲线，机器人经过的可能不是原来的 B 点而是 B' 点〔如图 5-7(a) 所示〕。如果要求机器人精确经过 B 点，可事先设定一个不同的 B'' 点，使得平滑过渡曲线正好经过 B 点〔如图 5-7(b) 所示〕。另一种方法如图 5-8 所示，在 B 点前后各加过渡点 D 和 E，使得 B 点落在 DE 连线上，确保机器人能够经过 B 点。

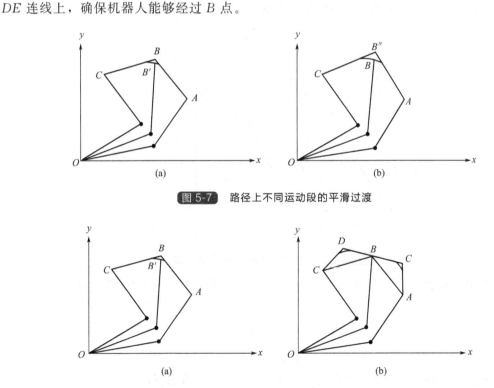

图 5-7 路径上不同运动段的平滑过渡

图 5-8 保证机器人运动通过中间规定点的替代方案

5.3 关节空间的轨迹规划

本节将研究以关节角的函数来描述轨迹的生成方法。

每个路径点通常是用工具坐标系 $\{T\}$ 相对于工作台坐标系 $\{S\}$ 的期望位姿来确定的。应用逆运动学理论，将中间点"转换"成一组期望的关节角。这样，就得到了经过各中间点并终止于目标点的 n 个关节的光滑函数。对于每个关节而言，由于各路径段所需要的时间是相同的，因此所有的关节将同时到达各中间点，从而得到 $\{T\}$ 在每个中间点上的期望的笛卡儿位置。尽管对每个关节指定了相同的时间间隔，但对于某个特定的关节而言，其期望的关节角函数与其他关节函数无关。

因此，应用关节空间规划方法可以获得各中间点的期望位姿。尽管各中间点之间的路径在关节空间中的描述非常简单，但在笛卡儿坐标空间中的描述却很复杂。一般情况下，关节空间的规划方法便于计算，并且由于关节空间与笛卡儿坐标空间之间并不存在连续的对应关系，因而不会发生机构的奇异性问题。

(1) 三次多项式

下面考虑在一定时间内将工具从初始位置移动到目标位置的问题。应用逆运动学可以解出对应于目标位姿的各个关节角。操作臂的初始位置是已知的，并用一组关节角进行描述。现在需要确定每个关节的运动函数，其在 t_0 时刻的值为该关节的初始位置，在 t_f 时刻的值为该关节的期望目标位置，如图 5-9 所示，有多种光滑函数 $\theta(t)$ 均可用于对关节角进行插值。为了获得一条确定的光滑运动曲线，显然至少需要对 $\theta(t)$ 施加四个约束条件。通过选择初始值和最终值可得到对函数值的两个约束条件：

$$\theta(0)=\theta_0$$
$$\theta(t_f)=\theta_f \tag{5-1}$$

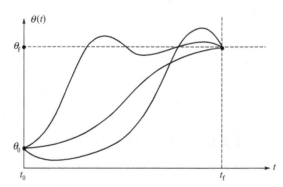

图 5-9　某一关节的几种可能的路径曲线

另外两个约束条件需要保证关节速度函数连续，即在初始时刻和终止时刻关节速度为零：

$$\dot{\theta}(0)=0$$
$$\dot{\theta}(t_f)=0 \tag{5-2}$$

这些约束条件唯一确定了一个三次多项式。该三次多项式具有如下形式：

$$\theta(t)=a_0+a_1t+a_2t^2+a_3t^3 \tag{5-3}$$

所以对应于该路径的关节速度和加速度显然有

$$\dot{\theta}(t)=a_1+2a_2t+3a_3t^2$$

$$\ddot{\theta}(t)=2a_2+6a_3t \tag{5-4}$$

把这四个期望的约束条件代入式(5-3)和式(5-4)，可以得到含有四个未知量的四个方程：

$$\theta_0=a_0$$

$$\theta_f=a_0+a_1t_f+a_2t_f^2+a_3t_f^3$$

$$0=a_1$$

$$0=a_1+2a_2t_f+3a_3t_f^2 \tag{5-5}$$

解方程可以得到

$$a_0=\theta_0$$

$$a_1=0$$

$$a_2=\frac{3}{t_f^2}(\theta_f-\theta_0)$$

$$a_3=-\frac{2}{t_f^3}(\theta_f-\theta_0) \tag{5-6}$$

应用式(5-6)可以求出从任何起始关节角位置到期望终止位置的三次多项式。但是该解仅适用于起始关节角速度与终止关节角速度均为零的情况。

(2) 具有中间点的路径的三次多项式

到目前为止，已经讨论了用期望的时间间隔和最终目标点描述的运动。一般而言，希望确定包含中间点的路径。如果操作臂能够停留在每个中间点，那么可以使用上面介绍的三次多项式求解。

通常，操作臂需要连续经过每个中间点，所以应该归纳出一种能够使三次多项式满足路径约束条件的方法。

与单目标点的情形类似，每个中间点通常是用工具坐标系相对于工作台坐标系的期望位姿来确定的。应用逆运动学把每个中间点"转换"成一组期望的关节角。然后，考虑对每个关节求出平滑连接每个中间点的三次多项式。

如果已知各关节在中间点的期望速度，那么就可像前面一样构造出三次多项式，但是，这时在每个终止点的速度约束条件不再为零，而是已知的速度。

于是，式(5-2)的约束条件变成

$$\dot{\theta}(0)=\dot{\theta}_0$$

$$\dot{\theta}(t_f)=\dot{\theta}_f \tag{5-7}$$

描述这个一般三次多项式的四个方程为

$$\theta_0=a_0$$

$$\theta_f=a_0+a_1t_f+a_2t_f^2+a_3t_f^3$$

$$\dot{\theta}_0=a_1$$

$$\dot{\theta}_f=a_1+2a_2t_f+3a_3t_f^2 \tag{5-8}$$

求解方程组可以得到

$$a_0=\theta_0$$

$$a_1 = \dot{\theta}_0$$

$$a_2 = \frac{3}{t_f^2}(\theta_f - \theta_0) - \frac{2}{t_f}\dot{\theta}_0 - \frac{1}{t_f}\dot{\theta}_f$$

$$a_3 = -\frac{2}{t_f^3}(\theta_f - \theta_0) + \frac{1}{t_f^2}(\dot{\theta}_f + \dot{\theta}_0) \tag{5-9}$$

应用式(5-9)，可求出符合任何起始和终止位置以及任何起始和终止速度的三次多项式。

如果在每个中间点处均有期望的关节速度，那么可以简单地将式（5-9）应用到每个曲线段来求出所需的三次多项式。确定中间点处的期望关节速度可以使用以下几种方法。

① 根据工具坐标系的笛卡儿线速度和角速度确定每个中间点的瞬时期望速度。

② 在笛卡儿空间或关节空间使用适当的启发式方法，系统自动选取中间点的速度。

③ 采用使中间点处的加速度连续的方法，系统自动选取中间点的速度。

第一种方法，利用在中间点上计算出的操作臂的雅可比逆矩阵，把中间点的笛卡儿期望速度"映射"为期望的关节速度。如果操作臂在某个特定的中间点上处于奇异位置，则用户将无法在该点处任意指定速度。对于一个路径生成算法而言，其用处之一就是满足用户指定的期望速度。然而，总是要求用户指定速度也是一个负担。因此，一个方便的路径规划系统还应包括方法2或3（或者二者兼而有之）。

第二种方法，系统使用一些启发式方法来自动地选择合理的中间点速度。图5-10所示为由中间点确定的某一关节 θ 路径的方法。在图5-10中，已经合理选取了各中间点上的关节速度，并用短直线来表示，这些短直线即为曲线在每个中间点处的切线。这种选取结果是通过使用了概念和计算方法都很简单的启发式方法而得到的。假设用直线段把中间点连接起来。如果这些直线的斜率在中间点处改变符号，则把速度选定为零；如果这些直线的斜率没有改变符号，则选取两斜率的平均值作为该点的速度。这样，系统可以只根据规定的期望中间点，来选取每个中间点的速度。

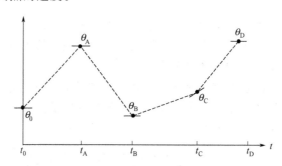

图 5-10 有切线标记的点为期望速度的中间点

第三种方法，系统根据中间点处的加速度为连续的原则选取各点的速度。为此，需要一种新的方法。在这种样条曲线中设置一组数据，在两条三次曲线的连接点处，用速度和加速度均为连续的约束条件替换两个速度约束条件。

【例】 试求解两个三次曲线的系数，使得两线段连成的样条曲线在中间点处具有连续的加速度。假设起始角为 θ_0，中间点为 θ_v，目标点为 θ_g。

解：第一个三次曲线为

$$\theta_1(t) = a_{10} + a_{11}t + a_{12}t^2 + a_{13}t^3 \tag{5-10}$$

第二个三次曲线为

$$\theta_2(t)=a_{20}+a_{21}t+a_{22}t^2+a_{23}t^3 \tag{5-11}$$

在一个时间段内，每个三次曲线的起始时刻为 $t=0$，终止时刻 $t=t_{\text{fi}}$，其中 $i=1$ 或 $i=2$。

施加的约束条件为

$$\theta_0=a_{10}$$

$$\theta_{\text{v}}=a_{10}+a_{11}t_{\text{f1}}+a_{12}t_{\text{f1}}^2+a_{13}t_{\text{f1}}^3$$

$$\theta_{\text{v}}=a_{20}$$

$$\theta_{\text{g}}=a_{20}+a_{21}t_{\text{f2}}+a_{22}t_{\text{f2}}^2+a_{23}t_{\text{f2}}^3$$

$$0=a_{11}$$

$$0=a_{21}+2a_{22}t_{\text{f2}}+3a_{23}t_{\text{f2}}^2$$

$$a_{11}+2a_{12}t_{\text{f1}}+3a_{13}t_{\text{f1}}^2=a_{21}$$

$$2a_{12}+6a_{13}t_{\text{f1}}=2a_{22} \tag{5-12}$$

这些约束条件确定了一个具有 8 个方程和 8 个未知数的线性方程组。当 $t_{\text{f}}=t_{\text{f1}}=t_{\text{f2}}$ 时可以得到

$$a_{10}=\theta_0$$

$$a_{11}=0$$

$$a_{12}=\frac{12\theta_{\text{v}}-3\theta_{\text{g}}-9\theta_0}{4t_{\text{f}}^2}$$

$$a_{13}=\frac{-8\theta_{\text{v}}+3\theta_{\text{g}}+5\theta_0}{4t_{\text{f}}^3}$$

$$a_{20}=\theta_{\text{v}}$$

$$a_{21}=\frac{3\theta_{\text{g}}-3\theta_0}{4t_{\text{f}}}$$

$$a_{22}=\frac{-12\theta_{\text{v}}+6\theta_{\text{g}}+6\theta_0}{4t_{\text{f}}^2}$$

$$a_{23}=\frac{8\theta_{\text{v}}-5\theta_{\text{g}}-3\theta_0}{4t_{\text{f}}^3} \tag{5-13}$$

一般情况下，对于包含 n 个三次曲线段的轨迹来说，当满足中间点处加速度为连续时，其方程组可以写成矩阵形式，可用来求解中间点的速度。该矩阵为三角阵，易于求解。

(3) 高阶多项式

有时用高阶多项式作为路径段。例如，如果要确定路径段起始点和终止点的位置、速度和加速度，则需要用一个五次多项式进行插值，即

$$\theta(t)=a_0+a_1t+a_2t^2+a_3t^3+a_4t^4+a_5t^5 \tag{5-14}$$

其约束条件为

$$\theta_0=a_0$$

$$\theta_{\text{f}}=a_0+a_1t_{\text{f}}+a_2t_{\text{f}}^2+a_3t_{\text{f}}^3+a_4t_{\text{f}}^4+a_5t_{\text{f}}^5$$

$$\dot{\theta}_0=a_1$$

$$\dot{\theta}_{\text{f}}=a_1+2a_2t_{\text{f}}+3a_3t_{\text{f}}^2+4a_4t_{\text{f}}^3+5a_5t_{\text{f}}^4$$

$$\ddot{\theta}_0=2a_2$$

$$\ddot{\theta}_{\text{f}}=2a_2+6a_3t_{\text{f}}+12a_4t_{\text{f}}^2+20a_5t_{\text{f}}^3 \tag{5-15}$$

这些约束条件确定了一个具有 6 个方程和 6 个未知数的线性方程组，其解为

$$a_0 = \theta_0$$

$$a_1 = \dot\theta_0$$

$$a_2 = \frac{\ddot\theta_0}{2}$$

$$a_3 = \frac{20\theta_f - 20\theta_0 - (8\dot\theta_f + 12\dot\theta_0)t_f - (3\ddot\theta_0 - \ddot\theta_f)t_f^2}{2t_f^3}$$

$$a_4 = \frac{30\theta_0 - 30\theta_f - (14\dot\theta_f + 16\dot\theta_0)t_f - (3\ddot\theta_0 - 2\ddot\theta_f)t_f^2}{2t_f^4}$$

$$a_5 = \frac{12\theta_f - 12\theta_0 - (6\dot\theta_f + 6\dot\theta_0)t_f - (\ddot\theta_0 - \ddot\theta_f)t_f^2}{2t_f^5} \tag{5-16}$$

对于一个途经多个给定数据点的轨迹来说，可用多种算法来求解描述该轨迹的光滑函数（多项式或其他函数）。在本书中，将不对此进行介绍。

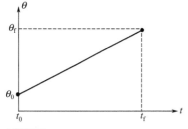

图 5-11 线性插值要求加速度无穷大

(4) 与抛物线拟合的线性函数

另外一种可选的路径形状是直线。即：简单地从当前的关节位置进行线性插值，直到终止位置，如图 5-11 所示，请记住，尽管在该方法中各关节的运动是线性的，但是末端执行器在空间的运动轨迹一般不是直线。

然而，直接进行线性插值将导致在起始点和终止点的关节运动速度不连续。为了生成一条位置和速度都连续的平滑运动轨迹，开始先用线性函数，但需在每个路径点增加一段抛物线拟合区域。

在运动轨迹的拟合区段内，将使用恒定的加速度平滑地改变速度。图 5-12 所示为使用这种方法构造的简单路径。直线函数和两个抛物线函数组合成一条完整的位置与速度均连续的路径。为了构造这样的路径段，假设两端的抛物线拟合区段具有相同的持续时间，因此在这两个拟合区段中采用相同的恒定加速度（符号相反）。

如图 5-13 所示，这里存在有多个解，但是每个结果都对称于时间中点 t_h 和位置中点 θ_h。由于拟合区段终点的速度必须等于直线段的速度，所以有

$$\ddot\theta t_b = \frac{\theta_h - \theta_b}{t_h - t_b} \tag{5-17}$$

式中，θ_b 是拟合段终点的 θ 值，而 $\ddot\theta$ 是拟合区段的加速度。θ_b 的值由下式给出。

$$\theta_b = \theta_0 + \frac{1}{2}\ddot\theta t_b^2 \tag{5-18}$$

联立上述两式，且 $t = 2t_h$，可以得到

$$\ddot\theta t_b^2 - \ddot\theta t t_b + (\theta_f - \theta_0) = 0 \tag{5-19}$$

式中，t 是期望的运动时间。对于任意给定的 θ_f，θ_0 和 t，可通过选取满足上式的 $\ddot\theta$ 和 t_b 来获得任意一条路径。通常，先选择加速度 $\ddot\theta$，再计算上式，求解出相应的 t_b。选择的加速度必须足够大，否则解将不存在。根据加速度和其他已知参数计算上式，求解 t_b：

$$t_b = \frac{t}{2} - \frac{\sqrt{\ddot\theta^2 t^2 - 4\ddot\theta(\theta_f - \theta_0)}}{2\ddot\theta} \tag{5-20}$$

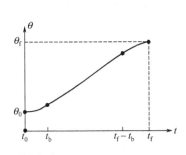

图 5-12　带有抛物线拟合的直线段 1

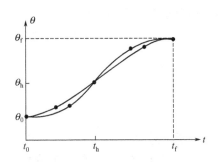

图 5-13　带有抛物线拟合的直线段 2

在拟合区段使用的加速度约束条件为

$$\ddot{\theta} \geqslant \frac{4(\theta_f - \theta_0)}{t^2} \tag{5-21}$$

当上式的等号成立时，直线部分的长度缩减为零，整个路径由两个拟合区段组成，且衔接处的斜率相等。如果加速度的取值越来越大，则拟合区段的长度将随之越来越短。当处于极限状态时，即加速度无穷大，路径又回复到简单的线性插值情况。

5.4　直角坐标空间的轨迹规划

直角坐标空间轨迹与机器人相对于直角坐标系的运动有关，如机器人末端手的位姿便是沿循直角坐标空间的轨迹。除了简单的直线轨迹以外，也可用许多其他的方法来控制机器人在不同点之间沿一定轨迹运动。实际上所有用于关节空间轨迹规划的方法都可用于直角坐标空间的轨迹规划。最根本的差别在于，直角坐标空间轨迹规划必须反复求解逆运动学方程来计算关节角，也就是说，对于关节空间轨迹规划，规划函数生成的值就是关节值，而直角坐标空间轨迹规划函数生成的值是机器人末端执行器的位姿，它们需要通过求解逆运动学方程才能化为关节量。

以上过程可以简化为如下的计算循环。

① 将时间增加一个增量。

② 利用所选择的轨迹函数计算出手的位姿。

③ 利用机器人逆运动学方程计算出对应手位姿的关节量。

④ 将关节信息送给控制器。

⑤ 返回到循环的开始。

在工业应用中，最实用的轨迹是点到点之间的直线运动，但也经常碰到多目标点（例如有中间点）间需要平滑过渡的情况。

为实现一条直线轨迹，必须计算起点和终点位姿之间的变换，并将该变换划分为许多小段。起点构型 T_i 和终点构型 T_f 之间的总变换只可通过下面的方程进行计算：

$$T_f = T_i R$$
$$T_i^{-1} T_f = T_i^{-1} T_i R$$
$$R = T_i^{-1} T_f \tag{5-22}$$

至少有以下 3 种不同方法可用来将该总变换化为许多的小段变换。

① 希望在起点和终点之间有平滑的线性变换，因此需要大量很小的分段，从而产生了

大量的微分运动。利用微分运动方程，可将末端手坐标系在每个新段的位姿与微分运动、雅可比矩阵及关节速度通过下列方程联系在一起。

$$\boldsymbol{D} = \boldsymbol{J}\boldsymbol{D}_\theta$$

$$\boldsymbol{D}_\theta = \boldsymbol{J}^{-1}\boldsymbol{D}$$

$$\mathrm{d}\boldsymbol{T} = \Delta \cdot \boldsymbol{T} \tag{5-23}$$

$$\boldsymbol{T}_{\text{new}} = \boldsymbol{T}_{\text{old}} + \mathrm{d}\boldsymbol{T} \tag{5-24}$$

这一方法需要进行大量的计算，并且仅当雅可比矩阵逆存在时才有效。

② 在起点和终点之间的变换分解为一个平移和两个旋转。平移是将坐标原点从起点移动到终点，第一个旋转是将末端手坐标系与期望姿态对准，而第二个旋转是手坐标系绕其自身轴转到最终的姿态。所有这三个变换同时进行。

③ 在起点和终点之间的变换 R 分解为一个平移和一个绕 k 轴的旋转。平移仍是将坐标原点从起点移动到终点，而旋转则是将手臂坐标系与最终的期望姿态对准。两个变换同时进行（参见图 5-14）。

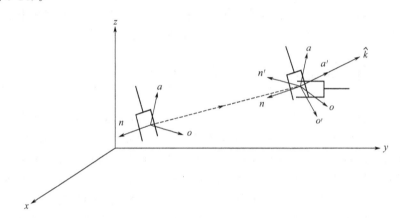

图 5-14 直角坐标空间轨迹规划中起点和终点之间的变换

下面介绍直角坐标路径的几何问题。

因直角坐标空间描述的路径形状与关节位置之间有连续的对应关系，所以直角坐标空间的路径容易出现与工作空间和奇异点有关的各种问题。

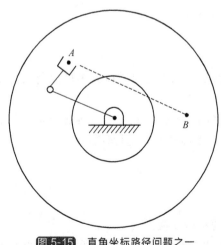

图 5-15 直角坐标路径问题之一

(1) 不可达的中间点问题

尽管操作臂的起始点和目标点都在其工作空间内部，但是很有可能在连接这两点的直线上有某些点不在工作空间中，例如图 5-15 所示的平面两杆机器人及其工作空间。在此例中，连杆 2 比连杆 1 短，所以在工作空间的中间存在一个空洞，其半径为两连杆长度之差。起始点 A 和目标点 B 均在工作空间中，在关节空间中从 A 运动到 B 没有问题。但是如果试图在直角坐标空间沿直线运动，将无法到达路径上的某些中间点。该例表明了在某些情况下，关节空间中的路径容易实现，而直角坐标空间中的直线路径将无法实现。

(2) 在奇异点附近的高关节速率问题

在操作臂的工作空间中存在着某些位置，在这些位置处无法用有限的关节速度来实现末端执行器在直角坐标空间的期望速度。因此，有某些路径（在直角坐标空间描述）是操作臂所无法执行的，这一点并不奇怪。例如，如果一个操作臂沿直角坐标直线路径接近机构的一个奇异位形，则机器人的一个或多个关节速度可能增加至无穷大。由于机构的速度是有上限的，因此这通常将导致操作臂偏离期望的路径。

例如，图 5-16 给出了一个平面两杆（两杆长度相同）操作臂，从 A 点沿着路径运动到 B 点。期望轨迹是使操作臂末端以恒定的线速度作直线运动。图中画出了操作臂在运动过程中的一些中间位置以便于观察其运动。可以看到，路径上的所有点都可以到达，但是当机器人经过路径的中间部分时，关节 1 的速度非常高。路径越接近关节 1 的轴线，关节 1 的速度就越大。一个解决办法是减小这个路径上的所有运动速度，以使所有关节速度在其容许范围内。虽然这样可能不能保证路径上的瞬时特性，但是至少由路径定义的空间点都能够达到。

(3) 不同解下的可达起点和终点问题

图 5-17 可以说明第三类问题。在这里，平面两杆操作臂的两个杆长度相等，但是关节存在约束，这使机器人到达空间给定点的解的数量减少。尤其是当操作臂不能使用与起始点相同的解到达终点时，就会出现问题。如图 5-17 所示，某些解可以使操作臂到达所有的路径点，但并非任何解都可以到达。这样，操作臂的转迹规划系统可以使机器人无需沿路径运动就能检测到这种问题，并向用户报错。

为了处理在直角坐标空间定义路径存在的这些问题，大多数工业操作臂控制系统都具有关节空间和直角坐标空间的路径生成功能。用户很快可明白由于使用直角坐标空间路径存在一定困难，所以一般默认使用关节空间路径。只有在必要时，才使用直角坐标空间的路径规划方法。

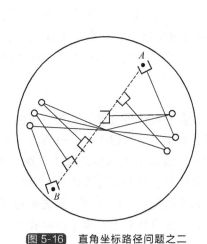

图 5-16　直角坐标路径问题之二

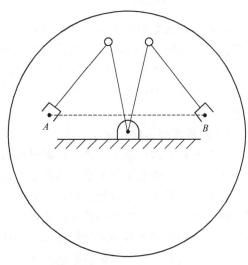

图 5-17　直角坐标路径问题之三

Chapter
06

第**6**章
工业机器人的设计与应用

随着机器人技术的不断发展和完善，以及成本的进一步降低，机器人已广泛应用于各个工业领域，成为制造业生产自动化中主要的机电一体化设备。工业机器人的工作部分实际上是一个空间机构，像人的手和手臂一样灵活地抓取零件，操持工具，搬运物体。它的类型越来越多，使用范围遍及制造业的各个领域。目前，用得最多的是：弧焊、点焊、装配、搬运、切割、打磨、检测等作业。

6.1　焊接机器人

6.1.1　点焊机器人

点焊机器人是用于点焊自动作业的工业机器人。世界上第一台点焊机器人于 1965 年开始使用，是美国 Unimation 公司推出的 Unimate 机器人，中国在 1987 年自行研制成第一台点焊机器人——华宇-Ⅰ型点焊机器人。在工业生产中使用机器人，会取得下述效益：①改善多品种混流生产的柔性；②提高焊接质量；③提高生产率；④把工人从恶劣的作业环境中解放出来。

(1) 点焊机器人的组成

点焊机器人由机器人本体、计算机控制系统、示教盒和点焊焊接系统几部分组成，由于为了适应灵活动作的工作要求，通常电焊机器人选用关节式工业机器人，一般具有 6 个自由度：腰转、大臂转、小臂转、腕转、腕摆及腕捻。其驱动方式有液压驱动和电气驱动两种。其中电气驱动具有保养维修简便、能耗低、速度高、精度高、安全性好等优点，因此应用较为广泛。点焊机器人按照示教程序规定的动作、顺序和参数进行点焊作业，其过程是完全自动化的，并且具有与外部设备通信的接口，可以通过这一接口接收上一级主控与管理计算机的控制命令进行工作。

(2) 点焊机器人的应用范围

汽车工业是点焊机器人的典型应用领域。通常装配每台汽车车体大约需要完成 3000～4000 个焊点，而其中的 60% 是由机器人完成的。在某些大批量汽车生产线上，服役的机器人数甚至高达 150 台。

(3) 点焊机器人的性能要求

最初，点焊机器人只用于增焊作业（往已拼接好的工件上增加焊点）。后来，为了保证拼接精度，又让机器人完成定位焊作业。这样，点焊机器人逐渐被要求具有更全面的作业性能，具体来说有：①安装面积小，工作空间大；②快速完成小节距的多点定位（例如每0.3～0.4s移动30～50mm节距后定位）；③定位精度高（±0.25mm），以确保焊接质量；④持重量大（50～100kg），以便携带内装变压器的焊钳；⑤示教简单，节省工时；⑥安全可靠性好。

(4) 点焊机器人的分类

表6-1列举了生产现场使用的点焊机器人的分类、特征和用途。在驱动形式方面，由于电机伺服技术的迅速发展，液压伺服在机器人中的应用逐渐减少，甚至大型机器人也在朝电机驱动方向过渡。随着微电子技术的发展，机器人技术在性能、小型化、可靠性以及维修等方面的进步日新月异。在机型方面，尽管主流仍是多用途的大型六轴垂直多关节型机器人，但是，出于机器人加工单元的需要，一些汽车制造厂家也在进行开发立体配置的3～5轴小型专用机器人。

表6-1　点焊机器人的分类

分　类	特　征	用　途
垂直多关节型(落地式)	工作空间/安装面积之比大，持重多数为100kg左右，有时还可以附加整机移动自由度	主要用于增焊作业
垂直多关节型(悬挂式)	工作空间均在机器人的下方	车体的拼接作业
直角坐标型	多数为三、四、五轴，适合于连续直线焊缝，价格便宜	车身和底盘
定位焊接用机器人(单向加压)	能承受500kg加压反力的高刚度机器人，有些机器人本身带有加压作业功能	车身底板的定位焊

(5) 典型点焊机器人的规格

以持重100kg，最高速度4m/s的六轴垂直多关节机器人为例，其规格性能如图6-1及表6-2所示，这是一种典型的点焊机器人，可胜任大多数车体装配工序的点焊作业。由于使用中几乎全部用来完成间隔为30～50mm的打点焊接作业，运动中很少能达到最高速度，因此，改善最短时间内频繁短节距启动、制动的性能是本机追求的重点。为了提高加速度和

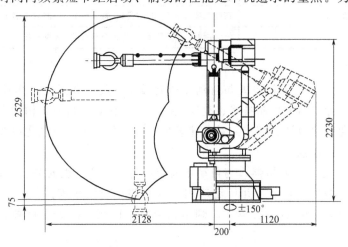

图 6-1　典型点焊机器人主机简图

减速度,在设计中注意减轻手臂的重量,增加驱动系统的输出力矩。同时,为了缩短滞后时间,得到高的静态定位精度,该机采用低惯性、高刚度减速器和高功率的无刷伺服电机。由于在控制回路中采取了加前馈环节和状态观测器等措施,控制性能得到大大改善,50mm 短距离移动的定位时间被缩短到 0.4s 以内。表 6-3 是控制器控制功能的一个例子。该控制器不仅具备机器人所应有的各种基本功能,而且与焊机的接口功能也很完备,还带有焊接条件的运算和设定功能以及与焊机定时器的通信功能。最近,点焊机器人与 CAD 系统的通信功能变得重要起来,这种 CAD 系统主要用来离线示教。

表 6-2　点焊机器人主机规格

自由度	六　　轴	
持重	100kg	
最大速度	腰回转	100°/s
	臂前后	
	臂上下	
	腕前部回转	180°/s
	腕弯曲	110°/s
	腕根部回转	120°/s
重复定位精度	±0.25mm	
驱动装置	无刷伺服电机	
位置检测	绝对编码器	

表 6-3　控制器的控制功能

驱动方式控制轴数	晶体管 PWM 无刷伺服六轴、七轴
动作形式	各轴插补、直线、圆弧插补
示教方式	示教盒离线示教、磁带、软盘输入离线示教
示教动作坐标	关节坐标、直角坐标、工具坐标
存储装置	IC 存储器(带备用电池)
存储容量	6000 步
辅助功能	精度和速度调节、时间设定、数据编辑、外部输入输出、外部条件判断
应用功能	异常诊断、传感器接口、焊接条件设定、数据交换

(6) 技术特点

① 技术综合性强。工业机器人与自动化成套技术,集中并融合了多项学科,涉及多项技术领域,包括工业机器人控制技术、机器人动力学及仿真、机器人构建有限元分析、激光加工技术、模块化程序设计、智能测量、建模加工一体化、工厂自动化以及精细物流等先进制造技术,技术综合性强。

② 应用领域广泛。工业机器人与自动化成套装备是生产过程的关键设备,可用于制造、安装、检测、物流等生产环节,并广泛应用于汽车整车及汽车零部件、工程机械、轨道交通、低压电器、电力、IC 装备、军工、烟草、金融、医药、冶金及印刷出版等众多行业,应用领域非常广泛。

③ 技术先进。工业机器人集精密化、柔性化、智能化、软件应用开发等先进制造技术

于一体，通过对过程实施检测、控制、优化、调度、管理和决策，实现增加产量、提高质量、降低成本、减少资源消耗和环境污染，是工业自动化水平的最高体现。

④ 技术升级。工业机器人与自动化成套装备具备精细制造、精细加工以及柔性生产等技术特点，是继动力机械、计算机之后，出现的全面延伸人的体力和智力的新一代生产工具，是实现生产数字化、自动化、网络化以及智能化的重要手段。

(7) 点焊机器人技术的发展趋势

目前有一种新的点焊机器人系统，它的概念如图 6-2 所示。

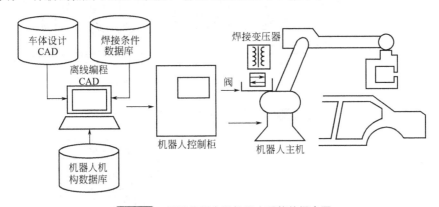

图 6-2 新型典型点焊机器人系统的概念图

点焊机器人最先大规模使用的区域出现在发达地区。随着产业转移的进行，发达地区的制造业需要提升。基于工人成本不断增长的现实，点焊机器人的应用成为最好替代方式。未来我国点焊机器人的大范围应用将会集中在广东、江苏、上海、北京等地，其点焊机器人拥有量将占全国一半以上。日益增长的点焊机器人市场以及巨大的市场潜力吸引世界著名机器人生产厂家的目光。当前，我国进口的点焊机器人主要来自日本，但是随着诸如"机器人"类似的具有自有知识产权的企业不断出现，越来越多的点焊机器人将会由中国制造。

6.1.2 弧焊机器人

弧焊机器人是用于进行自动弧焊的工业机器人。弧焊机器人的组成和原理与点焊机器人基本相同，在 20 世纪 80 年代中期，哈尔滨工业大学的蔡鹤皋、吴林等教授研制出了中国第一台弧焊机器人——华宇-Ⅰ型弧焊机器人。

(1) 弧焊机器人的组成

一般的弧焊机器人由示教盒、控制盘、机器人本体及自动送丝装置、焊接电源等部分组成。可以在计算机的控制下实现连续轨迹控制和点位控制。还可以利用直线插补和圆弧插补功能焊接由直线及圆弧所组成的空间焊缝。弧焊机器人主要有熔化极焊接作业和非熔化极焊接作业两种类型，具有可长期进行焊接作业、保证焊接作业的高生产率、高质量和高稳定性等特点。随着技术的发展，弧焊机器人正向着智能化的方向发展。图 6-3 为焊接系统的基本组成。

(2) 弧焊机器人的应用范围

弧焊机器人的应用范围很广，除汽车行业之外，在通用机械、金属结构等许多行业中都有应用。弧焊机器人应是包括各种焊接附属装置在内的焊接系统，而不只是一台以规划的速度和姿态携带焊枪移动的单机。图 6-4 为适合机器人应用的弧焊方法。

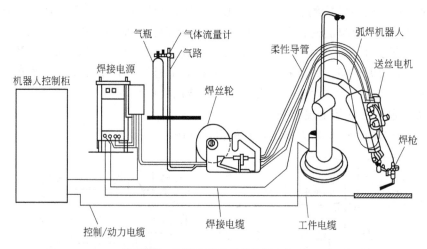

图 6-3 弧焊机器人系统的基本组成

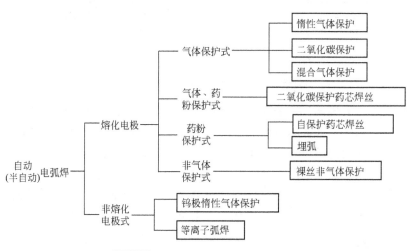

图 6-4 适合机器人应用的弧焊方法

(3) 弧焊机器人的性能要求

在弧焊作业中，要求焊枪跟踪工件的焊道运动，并不断填充金属形成焊缝。因此，运动过程中速度的稳定性和轨迹精度是两项重要的指标。一般情况下，焊接速度约取 5～50mm/s，轨迹精度约为± (0.2～0.5)mm。由于焊枪的姿态对焊缝质量也有一定影响，因此希望在跟踪焊道的同时，焊枪姿态的可调范围尽量大，还有其他一些性能要求，如设定焊接条件（电流、电压、速度等）、抖动功能、坡口填充功能、焊接异常检测功能（断弧、工件熔化）、焊接传感器的接口功能等。作业时，为了得到优质焊缝，往往需要在动作的示教以及焊接条件（电流、电压、速度）的设定上花费大量的精力，所以除了上述功能方面的要求外，如何使机器人便于操作也是一个重要课题。

(4) 弧焊机器人的种类

从机构形式看，既有直角坐标型的弧焊机器人，也有关节型的弧焊机器人。对于小型、简单的焊接作业，具有四五个自由度的机器人就可以完成任务，对于复杂工件的焊接，采用六自由度机器人对调整焊枪的姿态比较方便。对于特大型工件焊接作业，为加大工作空间，有时把关节型机器人悬挂起来，或者安装在运载小车上使用。图 6-5 和表 6-4 分别是某个典

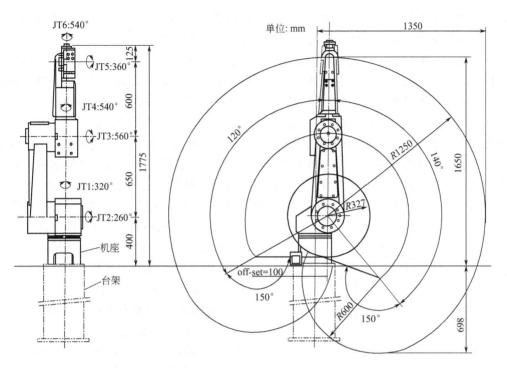

图 6-5　典型弧焊机器人的主机简图

型的弧焊机器人主机的简图和规格参数。

表 6-4　典型弧焊机器人的规格

持重	5kg,承受焊枪所必须的负荷能力
重复位置精度	±0.1mm,高精度
可控轴数	六轴同时控制,便于焊枪姿态调整
动作方式	各轴单独插补、直线插补、圆弧插补、焊枪端部等速控制(直线、圆弧插补时)
速度控制	快进给 6~1500mm/s,焊接速度 1~50mm/s,调整范围广(从极低速到高速均可调)
焊接功能	焊接电流、电压的选定,允许在焊接中途改变焊接条件,断弧、粘丝保护功能,焊接抖动功能(软件)
存储功能	IC 存储器,128K
辅助功能	定时功能,外部输入输出接口
应用功能	程序编辑、外部条件判断、异常检查、传感器接口

(5) 焊接机器人的传感器系统

焊接机器人所用的传感器要求精确的检测出焊口的位置和形状信息,然后传送给控制器进行处理。在焊接的过程中,存在着强烈的弧光、电磁干扰及高温辐射、烟尘等因素,并伴随着物理化学反应,工件会产生热变形,因此,焊接传感器也必须具有很强的抗干扰能力。

弧焊用传感器分为电弧式、接触式、非接触式。按用途分有用于焊缝跟踪、焊接条件控制。按工作原理分为机械式、光纤式、光电式、机电式、光谱式等。据日本焊接技术学会所做的调查显示,在日本、欧洲及其他发达国家,用于焊接过程的传感器有 80% 是用于焊缝跟踪的。

① 摆动电弧传感器。电弧传感器是从焊接电弧自身直接提取焊缝位置偏差信号,实时

性好，不需要在焊枪上附加任何装置，焊枪运动的灵活性和可达性好，尤其符合焊接过程低成本自动化的要求。电弧传感器的基本工作原理是：当电弧位置变化时，电弧自身电参数相应发生变化，从中反映出焊枪导电嘴至工件坡口表面距离的变化量，进而根据电弧的摆动形式及焊枪与工件的相对位置关系，推导出焊枪与焊缝间的相对位置偏差量。电参数的静态变化和动态变化都可以作为特征信号被提取出来，实现高低及水平两个方向的跟踪控制。

目前广泛采用测量焊接电流 I、电弧电压 U 和送丝速度 v 的方法来计算工件与焊丝之间的距离 $H = f(I, U, v)$，并应用模糊控制技术实现焊缝跟踪。电弧传感结构简单、响应速度快，主要适用于对称侧壁的坡口（如 V 形坡口），而对于那些无对称侧壁或根本就无侧壁的接头形式，如搭接接头、不开坡口的对接接头等形式，现有的电弧传感器则不能识别。

② 旋转电弧传感器。摆动电弧传感器的摆动频率一般只能达到 5Hz，限制了电弧传感器在高速和薄板搭接接头焊接中的应用。与摆动电弧传感器相比，旋转电弧传感器的高速旋转增加了焊枪位置偏差的检测灵敏度，极大地改善了跟踪的精度。

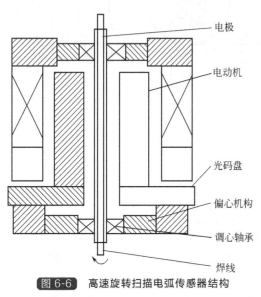

图 6-6 高速旋转扫描电弧传感器结构

高速旋转扫描电弧传感器结构如图 6-6 所示，采用空心轴电机直接驱动，在空心轴上通过同轴安装的同心轴承支承导电杆。在空心轴的下端偏心安装调心轴承，导电杆安装于该轴承内孔中，偏心量由滑块来调节。当电机转动时，下调心轴承将拨动导电杆作为圆锥母线绕电机轴线作公转，即圆锥摆动。气、水管线直接连接到下端，焊丝连接到导电杆的上端。电弧扫描测位传感器为递进式光电码盘，利用分度脉冲进行电机转速闭环控制。

在弧焊机器人的第 6 个关节上，安装一个焊炬夹持件，将原来的焊炬卸下，把高速旋转扫描电弧传感器安装在焊炬夹持件上。焊缝纠偏系统如图 6-7 所示，高速旋转扫描电弧传感器的安装姿态与原来的焊炬姿态一样，即焊丝端点的参考点的位置及角度保持不变。

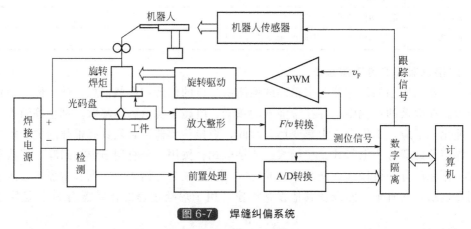

图 6-7 焊缝纠偏系统

③ 电弧传感器的信号处理。电弧传感的信号处理主要采用极值比较法和积分差值法。

在比较理想的条件下可得到满意的结果，但在非 V 形坡口及非射流过渡焊时，坡口识别能力差、信噪比低，应用遇到很大困难。为进一步扩大电弧传感器的应用范围，提高其可靠性，在建立传感器物理数学的模型的基础上，利用数值仿真技术，采取空间变换，用特征谐波的向量作为偏差量的大小及方向的判据。

(6) 超声传感跟踪系统

超声传感跟踪系统中使用的超声波传感器分两种类型：接触式超声波传感器和非接触式超声波传感器。

① 接触式超声波传感器　接触式超声传感跟踪系统原理如图 6-8 所示，两个超声波探头置于焊缝两侧，距焊缝相等距离。两个超声波传感器同时发出具有相同性质的超声波，根据接收超声波的声程来控制焊接熔深；比较两个超声波的回波信号，确定焊缝的偏离方向和大小。

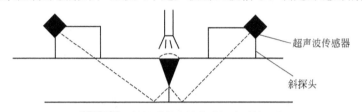

图 6-8　接触式超声波传感跟踪系统原理

② 非接触式超声波传感器　非接触超声传感跟踪系统中使用的超声波传感器分聚焦式和非聚焦式，两种传感器的焊缝识别方法不同。聚焦超声波传感器是在焊缝上方进行左右扫描的方式检测焊缝，而非聚焦超声波发生器是在焊枪前方旋转的方式检测焊缝。

a. 非聚焦超声波传感器。要求焊接工件能在 45°方向反射回波信号，焊缝的偏差在超声波声束的覆盖范围内，适于 V 形坡口焊缝和搭接接头焊缝。图 6-9 所示为 P-50 机器人焊缝跟踪装置，超声波传感器位于焊枪前方的焊缝上面，沿垂直于焊缝的轴线旋转，超声波传感器始终与工件成 45°，旋转轴的中心线与超声波声束中心线交于工件表面。

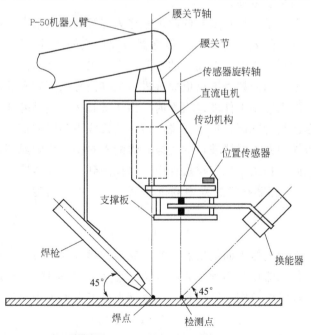

图 6-9　P-50 机器人焊缝跟踪装置

焊缝偏差几何示意如图 6-10 所示，传感器的旋转轴位于焊枪正前方，代表焊枪的及时位置。超声波传感器在旋转过程中总有一个时刻超声波声束处于坡口的法线方向，此时传感器的回波信号最强，而且传感器和其旋转的中心轴线组成的平面恰好垂直于焊缝方向，焊缝的偏差可以表示为

$$\delta = r - \sqrt{(R-D)^2 - h^2}$$

式中　δ——焊缝偏差；

　　　r——超声波传感器的旋转半径；

　　　R——传感器检测到的探头和坡口间的距离；

　　　D——坡口中心线到旋转中心线间的距离；

　　　h——传感器到工件表面的垂直高度。

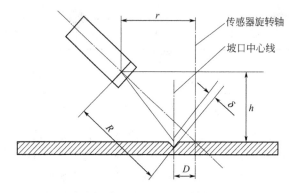

图 6-10　焊缝偏差几何示意图

b. 聚焦超声波传感器。与非聚焦超声波传感器相反，聚焦超声波传感器采用扫描焊缝的方法检测焊缝偏差，不要求这个焊缝笼罩在超声波的声束之内，而将超声波声束聚焦在工件表面，声束越小检测精度越高。

超声波传感器发射信号和接收信号的时间差作为焊缝的纵向信息，通过计算超声波由传感器发射到接收的声程时间 t_s，可以得到传感器与焊件之间的垂直距 H，从而实现焊炬与工件高度之间距离的检测。焊缝左右偏差的检测，通常采用寻棱边法，其基本原理是在超声波声程检测原理基础上，利用超声波反射原理进行检测信号的判别和处理。当声波遇到工件时会发生反射，当声波入射到工件坡口表面时，由于坡口表面与入射波的角度不是 90°，因此其反射波就很难返回到传感器，也就是说，传感器接收不到回波信号，利用声波的这一特性，就可以判别是否检测到了焊缝坡口的边缘。焊缝左右偏差检测原理如图 6-11 所示。

假设传感器从左向右扫描，在扫描过程中可以检测到一系列传感器与焊件表面之间的垂直高度。假设 H_i，为传感器扫描过程中测得的第 i 点的垂直高度，H_0 为允许偏差。如果满足

$$|H_i - H_0| < \Delta H$$

则得到的是焊道坡口左边钢板平面的信息。当传感器扫描到焊缝坡口左棱边时，会出现两种情况。第一种情况是传感器检测不到垂直高度 H，这是因为对接 V 形坡口斜面把超声回波信号反射出探头所能检测的范围；第二种情况是该点高度偏差大于允许偏差，即

$$|\Delta y| - |H - H_0| \geqslant \Delta H$$

并且有连续 D 个点没有检测到垂直高度或是满足上式，则说明检测到了焊道的左侧棱边。

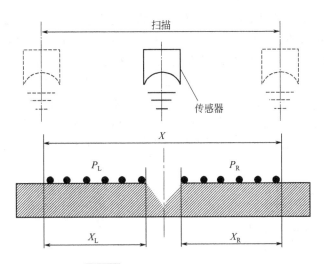

图 6-11 焊缝左右偏差检测原理

在此之前传感器在焊缝左侧共检测到 P_L 个超声回波。当传感器扫描到焊缝坡口右边工件表面时，超声传感器又接收到回波信号或者检测高度的偏差满足上式，并有连续 D 个检测点满足此要求，则说明传感器已检测到焊缝坡口右侧钢板。

$$|\Delta y|-|H_j-H_0|\leqslant\Delta H$$

式中 H_j——传感器扫描过程中测得的第 j 点的垂直高度。

当传感器扫描到右边终点时，采集到的右侧水平方向的检测点共 P_R 个点。根据 P_L、P_R 即可算出焊炬的横向偏差方向及大小。控制、调节系统根据检测到的横向偏差的大小、方向进行纠偏调整。

(7) 视觉传感跟踪系统

在弧焊过程中，存在弧光、电弧热、飞溅以及烟雾等多种强烈的干扰，这是使用何 种视觉传感方法首先需要解决的问题。在弧焊机器人中，根据使用的照明光的不同，可以把视觉方法分为"被动视觉"和"主动视觉"两种。这里被动视觉指利用弧光或普通光源和摄像机组成的系统，而主动视觉一般指使用具有特定结构的光源与摄像机组成的视觉传感系统。

① 被动视觉 在大部分被动视觉方法中电弧本身就是监测位置，所以没有因热变形等因素所引起的超前检测误差，并且能够获取接头和熔池的大量信息，这对于焊接质量自适应控制非常有利。但是，直接观测法容易受到电弧的严重干扰，信息的真实性和准确性有待提高。它较难获取接头的三维信息，也不能用于埋弧焊。

② 主动视觉 为了获取接头的三维轮廓，人们研究了基于三角测量原理的主动视觉方法。由于采用的光源的能量大都比电弧的能量要小，一般把这种传感器放在焊枪的前面以避开弧光直射的干扰。主动光源一般为单光面或多光面的激光或扫描的激光束。为简单起见，分别称为结构光法和激光扫描法。由于光源是可控的，所获取的图像受环境的干扰可滤掉，真实性好。因而图像的低层处理稳定、简单、实时性好。

a. 结构光视觉传感器。图 6-12 所示为与焊枪一体式的结构光视觉传感器结构。激光束经过柱面镜形成单条纹结构光。由于 CCD 摄像机与焊枪有合适的位置关系，避开了电弧光直射的干扰。由于结构光法中的敏感器都是面型的，实际应用中所遇到的问题主要是：当结构光照射在经过钢丝刷去除氧化膜或磨削过的铝板或其他金属板表面时，会产生强烈的二次反射，这些光也成像在敏感器上，往往会使后续的处理失败。另一个问题是投射光纹的光强分布不均匀，由于获取的图像质量需要经过较为复杂的后续处理，精度也会降低。

b. 激光扫描视觉传感器。同结构光方法相比，激光扫描方法中光束集中于一点，因而信噪比要大得多。目前用于激光扫描三角测量的敏感器主要有二维面型 PSD、线型 PSD 和 CCD。图 6-13 所示为面型 PSD 位置传感器与激光扫描器组成的接头跟踪传感器的原理结构。典型的采用激光扫描和 CCD 器件接收的视觉传感器结构原理如图 6-14 所示。它采用转镜进行扫描，扫描速度较高。通过测量电机的转角，增加了一维信息。它可以测量出接头的轮廓尺寸。

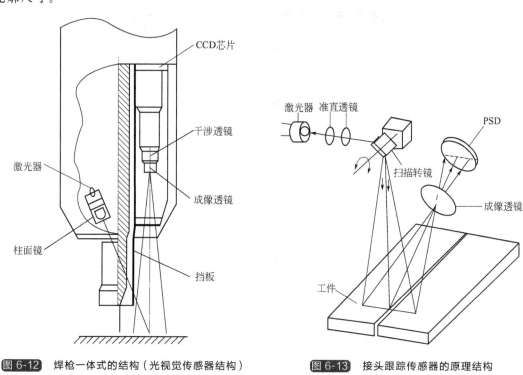

图 6-12 焊枪一体式的结构（光视觉传感器结构）   图 6-13 接头跟踪传感器的原理结构

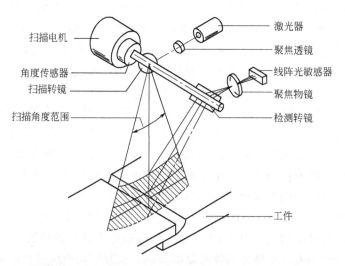

图 6-14 激光扫描和 CCD 器件接收的视觉传感器结构原理

在焊接自动化领域中，视觉传感器已成为获取信息的重要手段。在获取与焊接熔池有关的状态信息时，一般多采用单摄像机，这时图像信息是二维的。在检测接头位置和尺寸等三维信息时，一般采用激光扫描或结构光视觉方法，而激光扫描方法与现代 CCD 技术的结合代表了高性能主动视觉传感器的发展方向。

(8) 弧焊机器人技术的发展趋势

① 光学式焊接传感器。当前最普及的焊缝跟踪传感器为电弧传感器。但在焊枪不宜抖动的薄板焊接或对焊时，上述传感器有局限性。因此检测焊缝采用下述三种方法：a. 把激光束投射到工件表面，由光点位置检测焊缝；b. 让激光透过缝隙然后投射到与焊缝正交的方向，由工件表面的缝隙光迹检测焊缝；c. 用 CCD 摄像机直接监视焊接熔池，根据弧光特征检测。目前光学传感器有若干课题尚待解决，例如，光源和接收装置（CCD 摄像机）必须做得很小很轻才便于安装在焊枪上，又如光源投光与弧光、飞溅、环境光源的隔离技术等。

② 标准焊接条件设定装置。为了保证焊接质量，在作业前应根据工件的坡口、材料、板厚等情况正确选择焊接条件（焊接电流、电压、速度、焊枪角度以及接近位置等）。以往的做法是按各组件的情况凭经验试焊，找出合适的条件。这样时间和劳动力的投入都比较大。最近，一种焊接条件自动设定装置已经问世并进入实用阶段。它利用微机事先把各种焊接对象的标准焊接条件存储下来，作业时用人机对话形式从中加以选择即可。

③ 离线示教。大致有两种离线示教的方法：a. 在生产线外另安装一台所谓主导机器人，用它模仿焊接作业的动作，然后将制成的示教程序传送给生产线上的机器人；b. 借助计算机图形技术，在 CRT 上按工件与机器人的配置关系对焊接动作进行仿真，然后将示教程序传给生产线上的机器人。但后一种方法还遗留若干课题有待今后进一步研究，如工件和周边设备图形输入的简化，机器人、焊枪和工件焊接姿态检查的简化，焊枪与工件干涉检查的简化等。

④ 逆变电源。在弧焊机器人系统的周边设备中有一种逆变电源，由于它靠集成在机内的微机来控制，因此能极精细地调节焊接电流。它将在加快薄板焊接速度、减少飞溅、提高起弧率等方面发挥作用。

6.2 喷漆机器人

喷漆机器人广泛用于汽车车体、家电产品和各种塑料制品的喷漆作业。与其他用途的工业机器人比较，喷漆机器人在使用环境和动作要求上有如下的特点：工作环境包含易爆的喷漆剂蒸气；沿轨迹高速运动，途经各点均为作业点；多数被喷漆件都搭载在传送带上，边移动边喷漆，所以它需要一些特殊性能。

喷漆机器人主要由机器人本体、计算机和相应的控制系统组成，液压驱动的喷漆机器人还包括液压油源，如油泵、油箱和电机等。多采用 5 或 6 自由度关节式结构，手臂有较大的运动空间，并可做复杂的轨迹运动，其腕部一般有 2～3 个自由度，可灵活运动。较先进的喷漆机器人腕部采用柔性手腕，既可向各个方向弯曲，又可转动，其动作类似人的手腕，能方便地通过较小的孔伸入工件内部，喷涂其内表面。喷漆机器人一般采用液压驱动，具有动作速度快、防爆性能好等特点，可通过手把手示教或点位示数来实现示教。喷漆机器人广泛用于汽车、仪表、电器、搪瓷等工艺生产部门。

下面介绍两种典型的喷漆机器人。

6.2.1 液压喷漆机器人

(1) 概述

下面以浙江大学自行研制开发的液压喷漆机器人为例，如图 6-15 所示。该机器人由本

图 6-15　液压喷漆机器人

体、控制柜、液压系统等部分组成。机器人本体又包括基座、腰身、大臂、小臂、手腕等部分。腰部回转机构采用直线液压缸作驱动器，将液压缸的直线运动通过齿轮齿条转换成为腰部的回转运动。大臂和小臂各由一个液压缸直接驱动，液压缸的直线运动通过连杆机构转换成为手部关节的旋转运动。机器人的手腕由两个液压摆动缸驱动，实现腕部两个自由度的运动，这样提高了机器人的灵活性，可以适应形状复杂工件的喷漆作业。

该机器人的控制柜由多个 CPU 组成，分别用于：①伺服及全系统的管理；②实时坐标变换；③液压伺服系统控制；④操作板控制。示教有两种方式：直接示教和远距离示教。后一种示教方式具有较强的软件功能，如可以在直线移动的同时保持喷枪头姿态不变，改变喷枪的方向而不影响目标点等。还有一种所谓的跟踪再现动作，指允许在传送带静止的状态示教，再现时则靠实时坐标变换连续跟踪移动的传送带进行作业。这样，即使传送带的速度发生变动，也总能保持喷枪与工件的距离和姿态一定，从而保证喷漆质量。

为了便于在作业现场实地示教，出现了一种便携式操作板，它实际就是把原操作板从控制柜中取出来自成一体。这种机器人系统配备丰富的软硬件来实现条件转移、定时转移等联锁功能，还配有周边设备和机器人的联动运行的控制系统。现在，喷漆机器人所具备的自诊断功能已经可以检查出高达 400 种的故障或误操作项目。

(2) 高精度伺服控制技术

众所周知，多关节型机器人运动时，随手臂位姿的改变，其惯性矩的变化很大，因此伺服系统很难得到高速运动下的最佳增益，液压喷漆机器人当然也不例外，再加上液压伺服阀死区的影响，使它的轨迹精度有所下降。

图 6-15 的液压机器人靠 16 位 CPU 组成的高精度软件伺服系统解决了该问题。它的控制功能如下：

① 在补偿臂姿态、速度变化引起的惯性矩变化的位置反馈回路中，采用可变 PID 控制。

② 在速度反馈系统中进行可变 PID 控制，以补偿作业中喷漆速度可能发生的大幅度变化。

③ 实施加减速控制，以防止在运动轨迹的拐点产生振动。

由于采取了上述三项控制措施，机器人在 1.2m/s 的最大喷漆速度下也能平稳工作。

(3) 液压系统的限速措施

用遥控操作进行示教和修正时，需要操作者靠近机器人作业，为了安全起见，不但应在

软件上采取限速措施，而且在硬件方面也应加装限速液压回路。具体地，可以在伺服阀和油缸间设置一个速度切换阀，遥控操作时，切换阀限制压力油的流量，把臂的速度控制在0.3m/s以下。

(4) 防爆技术

喷漆机器人主机和操作板必须满足本质防爆安全规定。这些规定归根结底就是要求机器人在可能发生强烈爆炸的危险环境也能安全工作。在日本是由产业安全技术协会负责认定安全事宜的，在美国是FMR（Factory Mutual Research）负责安全认定事宜。要想进入国际市场，必须经过这两个机构的认可。为了满足认定标准，在技术上可采取两种措施：一是增设稳压屏蔽电路，把电路的能量降到规定值以内，二是适当增加液压系统的机械强度。

(5) 汽车车体喷漆系统应用举例

图6-16是一个汽车车体喷漆系统。两台能前后、左右移动的台车，各载两台液压机器人组成该系统。为了避免在互相重叠的工作空间内发生运动干涉，机器人之间的控制柜是互锁的。这个应用例子中，为了缩短示教的时间，提高生产线的运转效率，采用离线示教方式，即在生产线外的某处示教，生成数据，再借助平移、回转、镜像变换等各种功能，把数据传送到在线的机器人控制柜里。

图 6-16 汽车车体喷漆系统的应用

6.2.2 电动喷漆机器人

(1) 概述

如前所述，喷漆机器人之所以一直采取液压驱动方式，主要是从它必须在充满可燃性溶剂蒸气环境中安全工作着想的。近年来，由于交流伺服电机的应用和高速伺服技术的进步，在喷漆机器人中采用电驱动已经成为可能。现阶段，电动喷漆机器人多采用耐压或内压防爆结构，限定在1类危险环境（在通常条件下有生成危险气体介质之虞）和2类危险环境（在异常条件下有生成危险气体介质之虞）下使用。图6-17是由川崎重工研制的电动喷漆机器人的照片，图6-18是它的工作空间。图示机器人和前述液压机器人一样，也有6个轴，但工作空间大。在设计手臂时注意了减轻重量和简化结构，结果降低了惯性负荷，提高了高速动作的轨迹精度。

该机具有与液压喷漆机器人完全一样的控制功能，只是驱动改用交流伺服电机和相应的驱动电路，维修保养十分方便。

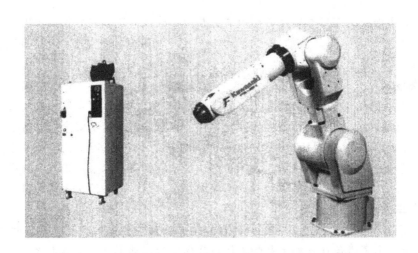

图 6-17 电动喷漆机器人（KRE410）

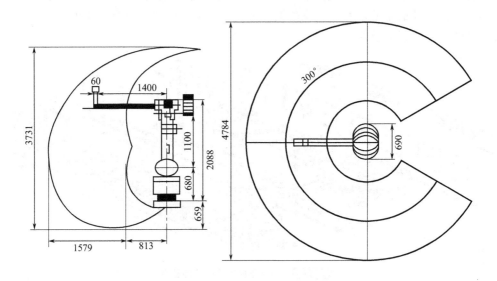

图 6-18 电动喷漆机器人的工作空间

(2) 防爆技术

电动喷漆机器人采用所谓内压防塌方式，这是指往电气箱中人为地注入高压气体（比易爆危险气体介质的压力高）的做法。在此基础上，如再采用无火花交流电机和无刷旋转变压器，则可组成安全性更好的防爆系统。为了保证绝对安全，电气箱内装有监视压力状态的压力传感器，一旦压力降到设定值以下，它便立即感知并切断电源，停止机器人工作。

(3) 办公设备喷漆系统的应用举例

喷漆系统由图 6-19 所示的两台电动喷漆机器人及其周边设备组成。喷漆动作在静止状态示教，再现时，机器人可根据传送带的信号实时地进行坐标变换，一边跟踪被喷漆工件，一边完成喷漆作业。由于机器人具有与传送带同步的功能，因此当传送带的速度发生变化时，喷枪相对工件的速度仍能保持不变，即使传送带停下来，也可以正常地继续喷漆作业直至完工，所以涂层质量能够得到良好的控制。

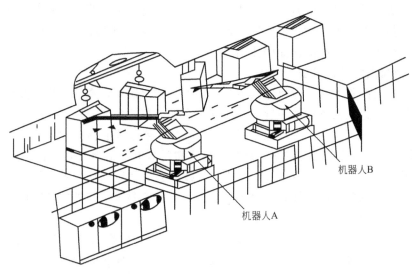

机器人B

机器人A

图 6-19 两台电动喷漆机器人及其周边设备

6.3 装配机器人

装配机器人是工业生产中，用于装配生产线上对零件或部件进行装配的工业机器人，它属于高、精、尖的机电一体化产品，是集光学、机械、微电子、自动控制和通信技术于一体的高科技产品，具有很高的功能和附加值。与一般工业机器人相比，装配机器人具有精度高、柔顺性好、工作范围小、能与其他系统配套使用等特点，主要用于各种电器的制造行业。

6.3.1 装配机器人的系统组成

(1) 装配机器人的系统组成

装配机器人由主体、驱动系统和控制系统三个基本部分组成。主体即机座和执行机构，包括臂部、腕部和手部。大多数装配机器人有 3~6 个运动自由度，其中腕部通常有 1~3 个运动自由度；驱动系统包括动力装置和传动机构，用于使执行机构产生相应的动作；控制系统是按照输入的程序对驱动系统和执行机构发出指令信号，并进行控制。

常用的装配机器人主要有 PUMA 机器人（Programmable Universal Manipulator for Assembly，即可编程通用装配操作手）和 SCARA 机器人（Selective Compliance Assembly Robot Arm，即水平关节型机器人）两种类型。

垂直多关节型装配机器人，大多具有 6 个自由度，这样可以在空间上的任意一点，确定任意姿势。因此，这种类型的机器人所面向的往往是在三维空间的任意位置和姿势的作业。

水平关节型机器人是装配机器人的典型代表。它共有 4 个自由度：两个回转关节，上下移动以及手腕的转动。最近开始在一些机器人上装配各种可换手，以增加通用性。手爪主要有电动手爪和气动手爪两种形式；气动手爪相对来说比较简单，价格便宜，因而在一些要求不太高的场合用的比较多。电动手爪造价比较高，主要用在一些特殊场合。

带有传感器的装配机器人可以更好地顺应对象物进行柔软的操作。装配机器人经常使用的传感器有视觉传感器、触觉传感器、接近觉传感器和力传感器等。视觉传感器主要用于零件或工件的位置补偿，零件的判别、确认等。触觉和接近觉传感器一般固定在指端，用来补偿零件或工件的位置误差，防止碰撞等。力传感器一般装在腕部，用来检测腕部受力情况，一般在精密装配需要力控制的作业中使用。

(2) 装配机器人的周边设备

机器人进行装配作业时，除机器人主机、手爪、传感器外，零件供给装置和工件搬运装置也至关重要。无论从投资额的角度还是从安装占地面积的角度，它们往往比机器人主机所占的比例大。周边设备常用可编程控制器控制，此外一般还要有台架和安全栏等设备。

① 零件供给器。零件供给装置主要有给料器和托盘等。给料器是用振动或回转机构把零件排齐，并逐个送到指定位置。托盘是大零件或者容易磕碰划伤的零件加工完毕后一般应放在称为"托盘"的容器中运输，托盘装置能按一定精度要求把零件放在给定的位置，然后由机器人一个一个取出。

② 输送装置。在机器人装配线上，输送装置承担把工件搬运到各作业地点的任务，输送装置中以传送带居多。输送装置的技术问题是停止精度、停止时的冲击和减速振动。减速器可用来吸收冲击能。

6.3.2　装配机器人的常用传感器

(1) 位姿传感器

① 远程中心柔顺（RCC）装置。远程中心柔顺装置不是实际的传感器，在发生错位时起到感知设备的作用，并为机器人提供修正的措施。RCC 装置完全是被动的，没有输入和输出信号，也称被动柔顺装置。RCC 装置是机器人腕关节和末端执行器之间的辅助装置，使机器人末端执行器在需要的方向上增加局部柔顺性，而不会影响其他方向的精度。

图 6-20 所示为 RCC 装置的原理，它由两块刚性金属板组成，其中剪切柱在提供横侧向柔顺的同时，将保持轴向的刚度。实际上，一种装置只在横侧向和轴向或者在弯曲和翘起方向提供一定的刚性（或柔性），它必须根据需要来选择。每种装置都有一个给定的中心到中心的距离，此距离决定远程柔顺中心相对柔顺装置中心的位置。因此，如果有多个零件或许多操作需有多个 RCC 装置，并要分别选择。

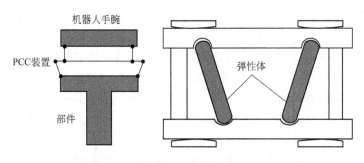

图 6-20　RCC 装置的原理

RCC 的实质是机械手夹持器具有多个自由度的弹性装置，通过选择和改变弹性体的刚度可获得不同程度的适从性。

RCC 部件间的失调引起转矩和力，通过 RCC 装置中不同类型的位移传感器可获得跟转矩和力成比例的电信号，使用该电信号作为力或力矩反馈的 RCC 称 IRCC（Instrument Remote Control Centre）。Barry Wright 公司的 6 轴 IRCC 提供跟 3 个力和 3 个力矩成比例的电信号，内部有微处理器、低通滤波器以及 12 位数模转换器，可以输出数字和模拟信号。

② 主动柔顺装置。主动柔顺装置根据传感器反馈的信息对机器人末端执行器或工作台进行调整，补偿装配件间的位置偏差。根据传感方式的不同，主动柔顺装置可分为基于力传感器的柔顺装置、基于视觉传感器的柔顺装置和基于接近度传感器的柔顺装置。

a. 基于力传感器的柔顺装置。使用力传感器的柔顺装置的目的，一方面是有效控制力的变化范围，另一方面是通过力传感器反馈信息来感知位置信息，进行位置控制。就安装部位而言，力传感器可分为关节力传感器、腕力传感器和指力传感器。关节力/力矩传感器使用应变片进行力反馈，由于力反馈是直接加在被控制关节上，且所有的硬件用模拟电路实现，避开了复杂计算难题，响应速度快。腕力传感器安装于机器人与末端执行器的连接处，它能够获得机器人实际操作时的大部分的力信息，精度高，可靠性好，使用方便。常用的结构包括十字梁式、轴架式和非径向三梁式，其中十字梁结构应用最为广泛。指力传感器，一般通过应变片测量而产生多维力信号，常用于小范围作业，精度高，可靠性好，但多指协调复杂。

b. 基于视觉传感器的柔顺装置。基于视觉传感器的主动适从位置调整方法是通过建立以注视点为中心的相对坐标系，对装配件之间的相对位置关系进行测量，测量结果具有相对的稳定性，其精度与摄像机的位置相关。螺纹装配采用力和视觉传感器，建立一个虚拟的内部模型，该模型根据环境的变化对规划的机器人运动轨迹进行修正；轴孔装配中用二维 PSD 传感器来实时检测孔的中心位置及其所在平面的倾斜角度，PSD 上的成像中心即为检测孔的中心。当孔倾斜时，PSD 上所成的像为椭圆，通过与正常没有倾斜的孔所成图像的比较就可获得被检测孔所在平面的倾斜度。

c. 基于接近度传感器的柔顺装置。装配作业需要检测机器人末端执行器与环境的位姿，多采用光电接近度传感器。光电接近度传感器具有测量速度快、抗干扰能力强、测量点小和使用范围广等优点。用一个光电传感器不能同时测量距离和方位的信息，往往需要用两个以上的传感器来完成机器人装配作业的位姿检测。

③ 光纤位姿偏差传感系统。图 6-21 所示为集螺纹孔方向偏差和位置偏差检测于一体的位姿偏差传感系统原理。该系统采用多路单纤传感器，光源发出的光经 1×6 光纤分路器，分成 6 路光信号进入 6 个单纤传感点，单

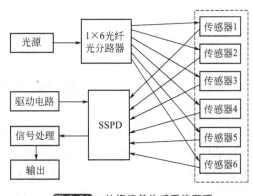

图 6-21 位姿偏差传感系统原理

纤传感点同时具有发射和接收功能。传感点为反射式强度调制传感方式，反射光经光纤按一定方式排列，由固体二极管阵列 SSPD 光敏器件接收，最后进入信号处理。3 个检测螺纹孔方向的传感器（1、2、3）分布在螺纹孔边缘圆周（2~3cm）上，传感点 4、5、6 检测螺纹位置，垂直指向螺纹孔倒角锥面，传感点 2、3.5、6 与传感点 1、4 垂直。

④ 电涡流位姿检测传感系统。电涡流位姿检测传感系统是通过确定由传感器构成的测量坐标系和测量体坐标系之间的相对坐标变换关系来确定位姿。当测量体安装在机器人末端执行器上时，通过比较测量体的相对位姿参数的变化量，可完成对机器人的重复位姿精度检测。图 6-22 所示为位姿检测传感系统框图。检测信号经过滤波、放大、A/D 变换送入计算

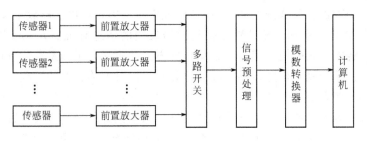

图 6-22 位姿检测传感系统框图

机进行数据处理，计算出位姿参数。

　　为了能用测量信息计算出相对位姿，由 6 个电涡流传感器组成的特定空间结构来提供位姿和测量数据。传感器的测量空间结构如图 6-23 所示，6 个传感器构成三维测量坐标系，其中传感器 1、2、3 对应测量面 xOy，传感器 4、5 对应测量面 xOz，传感器 6 对应测量面 yOz。每个传感器在坐标系中的位置固定，这 6 个传感器所标定的测量范围就是该测量系统的测量范围。当测量体相对于测量坐标系发生位姿变化时，电涡流传感器的输出信号会随测量距离成比例的变化。

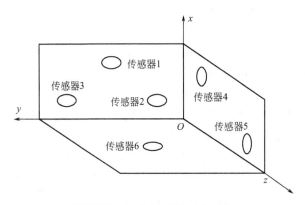

图 6-23 传感器的测量空间结构

(2) 柔性腕力传感器

　　装配机器人在作业过程中需要与周围环境接触，在接触的过程中往往存在力和速度的不连续问题。腕力传感器安装在机器人手臂和末端执行器之间，更接近力的作用点，受其他附加因素的影响较小，可以准确地检测末端执行器所受外力/力矩的大小和方向，为机器人提供力感信息，有效地扩展了机器人的作业能力。

　　在装配机器人中除使用应变片 6 维筒式腕力传感器和十字梁腕力传感器外，还大量使用柔顺腕力传感器。柔性手腕能在机器人的末端操作器与环境接触时产生变形，并且能够吸收机器人的定位误差。机器人柔性腕力传感器将柔性手腕与腕力传感器有机地结合在一起，不但可以为机器人提供力/力矩信息，而且本身又是柔顺机构，可以产生被动柔顺，吸收机器人产生的定位误差，保护机器人、末端操作器和作业对象，提高机器人的作业能力。

　　柔性腕力传感器一般由固定体、移动体和连接二者的弹性体组成。固定体和机器人的手腕连接，移动体和末端执行器相连接，弹性体采用矩形截面的弹簧，其柔顺功能就是由能产生弹性变形的弹簧完成。柔性腕力传感器利用测量弹性体在力/力矩的作用下产生的变形量来计算力/力矩。

柔性腕力传感器的工作原理如图 6-24 所示，柔性腕力传感器的内环相对于外环的位置和姿态的测量采用非接触式测量。传感元件由 6 个均布在内环上的红外发光二极管（LED）和 6 个均布在外环上的线型位置敏感元件（PSD）构成。PSD 通过输出模拟电流信号来反映照射在其敏感面上光点的位置，具有分辨率高、信号检测电路简单、响应速度快等优点。

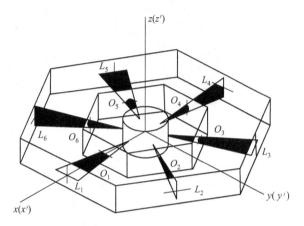

图 6-24　柔性腕力传感器的工作原理

为了保证 LED 发出的红外光形成一个光平面，在每一个 LED 的前方安装了一个狭缝，狭缝按照垂直和水平方式间隔放置，与之对应的线型 PSD 则按照与狭缝相垂直的方式放置。6 个 LED 所发出的红外光通过其前端的狭缝形成 6 个光平面 O_i（$i=1,2,\cdots,6$），与 6 个相应的线型 PSD L_i（$i=1,2,\cdots,6$）形成 6 个交点。当内环相对于外环移动时，6 个交点在 PSD 上的位置发生变化，引起 PSD 的输出变化。根据 PSD 输出信号的变化，可以求得内环相对于外环的位置和姿态。内环的运动将引起连接弹簧的相应变形，考虑到弹簧的作用力与形变的线性关系，可以通过内环相对于外环的位置和姿态关系解算出内环上所受到的力和力矩的大小，从而完成柔性腕力传感器的位姿和力/力矩的同时测量。

(3) 工件识别传感器

工件识别（测量）的方法有接触识别、采样式测量、邻近探测、距离测量、机械视觉识别别等。

① 接触识别。在一点或几点上接触以测量力，这种测量一般精度不高。

② 采样式测量。在一定范围内连续测量，比如测量某一目标的位置、方向和形状。在装配过程中的力和力矩的测量都可以采用这种方法，这些物理量的测量对于装配过程非常重要。

③ 邻近探测。邻近探测属非接触测量，测量附近的范围内是否有目标存在。一般安装在机器人的抓钳内侧，探测被抓的目标是否存在以及方向、位置是否正确。测量原理可以是气动的、声学的、电磁的和光学的。

④ 距离测量。距离测量也属非接触测量。测量某一目标到某一基准点的距离。例如，一只在抓钳内装的超声波传感器就可以进行这种测量。

⑤ 机械视觉识别。机械视觉识别方法可以测量某一目标相对于一基准点的位置方向和距离。

机械视觉识别如图 6-25 所示，图 6-25（a）为使用探针矩阵对工件进行粗略识别，图 6-25（b）为使用直线性测量传感器对工件进行边缘轮廓识别，图 6-25（c）为使用点传感技术对工件进行特定形状识别。

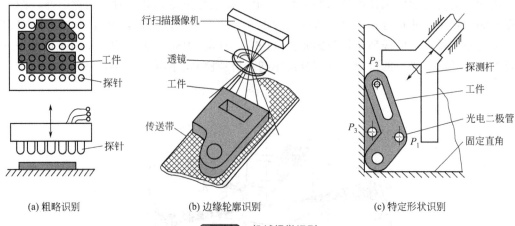

(a) 粗略识别   (b) 边缘轮廓识别   (c) 特定形状识别

图 6-25   机械视觉识别

当采用接触式（探针）或非接触式探测器识别工件时，存在与网栅的尺寸有关识别误差。如图 6-26 所示探测器工件识别中，在工件尺寸 b 方向的识别误差为

$$\Delta E = t(1+n) - \left(b + \frac{d}{2}\right)$$

式中 b——工件尺寸，mm；

       d——光电二极管直径，mm；

       n——工件覆盖的网栅节距数；

       t——网栅尺寸，mm。

(4) 视觉传感技术

① 视觉传感系统组成   装配过程中，机器人使用视觉传感系统可以解决零件平面测量、字符识别（文字、条码、符号等）、完善性检测、表面检测（裂纹、刻痕、纹理）和三维测量。类似人的视觉系统，机器人的视觉系统是通过图像和距离等传感器来获取环境对象的图像、颜色和距离等信息，然后传递给图像处理器，利用计算机从二维图像中理解和构造出三维世界的真实模型。

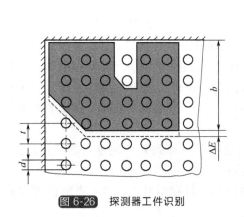

图 6-26   探测器工件识别

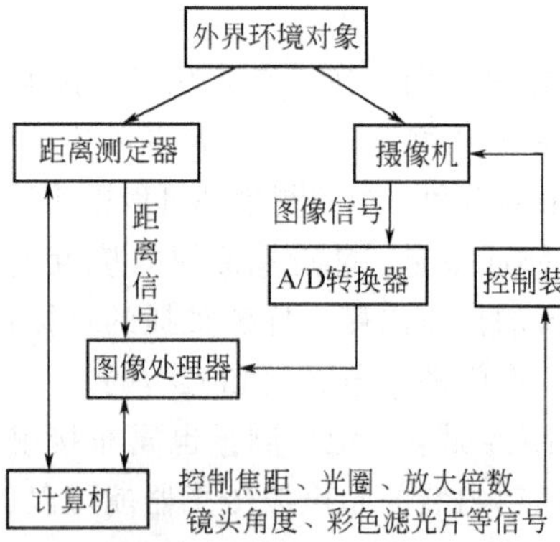

图 6-27   机器人视觉传感系统

图 6-27 所示为机器人视觉传感系统的原理。摄像机获取环境对象的图像，经 A/D 转换器转换成数字量，从而变成数字化图形。通常一幅图像划分为 512×512 或者 256×256，各点亮度用 8 位二进制表示，即可表示 256 个灰度。图像输入以后进行各种处理、识别以及理

解，另外通过距离测定器得到距离信息，经过计算机处理得到物体的空间位置和方位；通过彩色滤光片得到颜色信息。上述信息经图像处理器进行处理，提取特征，处理的结果再输出到机器人，以控制它进行动作。另外，作为机器人的眼睛不但要对所得到的图像进行静止处理，而且要积极地扩大视野，根据所观察的对象，改变眼睛的焦距和光圈。因此，机器人视觉系统还应具有调节焦距、光圈、放大倍数和摄像机角度的装置。

② 图像处理过程　视觉系统首先要做的工作是摄入实物对象的图形，即解决摄像机的图像生成模型。包含两个方面的内容：一是摄像机的几何模型，即实物对象从三维景物空间转换到二维图像空间，关键是确定转换的几何关系；二是摄像机的光学模型，即摄像机的图像灰度与景物间的关系。由于图像的灰度是摄像机的光学特性、物体表面的反射特性、照明情况、景物中各物体的分布情况（产生重复反射照明）的综合结果，所以从摄入的图像分解出各因素在此过程中所起的作用是不容易的。

视觉系统要对摄入的图像进行处理和分析。摄像机捕捉到的图像不一定是图像分析程序可用的格式，有些需要进行改善以消除噪声，有些则需要简化，还有的需要增强、修改、分割和滤波等。图像处理指的就是对图像进行改善、简化、增强或者其他变换的程序和技术的总称。图像分析是对一幅捕捉到的并经过处理后的图像进行分析、从中提取图像信息、辨识或提取关于物体或周围环境特征。

③ Consight-I 视觉系统　图 6-28 所示 Consight-I 视觉系统，用于美国通用汽车公司的制造装置中，能在噪声环境下利用视觉识别抓取工件。

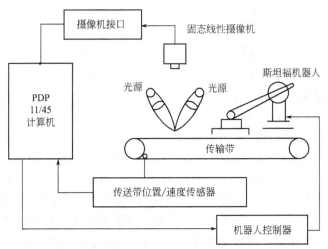

图 6-28　Consight-I 视觉系统

该系统为了从零件的外形获得准确、稳定的识别信息，巧妙地设置照明光，从倾斜方向向传送带发送两条窄条缝隙光，用安装在传送带上方的固态线性传感器摄取图像，而且预先把两条缝隙光调整到刚好在传送带上重合的位置。这样，当传送带上没有零件时，缝隙光合成了一条直线，可是当零件随传送带通过时，缝隙光变成两条线，其分开的距离同零件的厚度成正比。由于光线的分离之处正好就是零件的边界，所以利用零件在传感器下通过的时间就可以取出准确的边界信息。主计算机可处理装在机器人工作位置上方的固态线性阵列摄像机所检测的工件，有关传送带速度的数据也送到计算机中处理。当工件从视觉系统位置移动到机器人工作位置时，计算机利用视觉和速度数据确定工件的位置、取向和形状，并把这种信息经接口送到机器人控制器。根据这种信息，工件仍在传送带上移动时，机器人便能成功地接近和拾取工件。

6.3.3 装配机器人的多传感器信息融合系统

自动生产线上，被装配的工件初始位置时刻在运动，属于环境不确定的情况。机器人进行工件抓取或装配时使用力和位置的混合控制是不可行的，而一般使用位置、力反馈和视觉融合的控制来进行抓取或装配工作。

多传感器信息融合装配系统由末端执行器、CCD 视觉传感器和超声波传感器、柔顺腕力传感器及相应的信号处理单元等构成。CCD 视觉传感器安装在末端执行器上，构成手眼视觉；超声波传感器的接收和发送探头也固定在机器人末端执行器上，由 CCD 视觉传感器获取待识别和抓取物体的二维图像，并引导超声波传感器获取深度信息；柔顺腕力传感器安装于机器人的腕部。多传感器信息融合装配系统结构如图 6-29 所示。

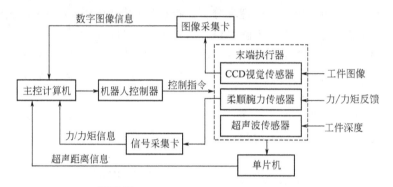

图 6-29 多传感器信息融合装配系统结构

图像处理主要完成对物体外形的准确描述，包括图像边缘提取、周线跟踪、特征点提取、曲线分割及分段匹配、图形描述与识别。CCD 视觉传感器获取的物体图像经处理后，可提取对象的某些特征，如物体的形心坐标、面积、曲率、边缘、角点及短轴方向等，根据这些特征信息，可得到对物体形状的基本描述。

由于 CCD 视觉传感器获取的图像不能反映工件的深度信息，因此对于二维图形相同，仅高度略有差异的工件，只用视觉信息不能正确识别。在图像处理的基础上，由视觉信息引导超声波传感器对待测点的深度进行测量，获取物体的深度（高度）信息，或沿工件的待测面移动，超声波传感器不断采集距离信息，扫描得到距离曲线，根据距离曲线分析出工件的边缘或外形。计算机将视觉信息和深度信息融合推断后，进行图像匹配、识别，并控制机械手以合适的位姿准确地抓取物体。

安装在机器人末端执行器上的超声波传感器由发射和接收探头构成，根据声波反射的原理，检测由待测点反射回的声波信号，经处理后得到工件的深度信息。为了提高检测精度，在接收单元电路中，采用可变阈值检测、峰值检测、温度补偿和相位补偿等技术，可获得较高的检测精度。

腕力传感器测试末端执行器所受力/力矩的大小和方向，从而确定末端执行器的运动方向。

6.4 洁净机器人与真空机器人

半导体制造或电子元器件等这些装配行业的特点是超精密化和微细化，环境与产品质量

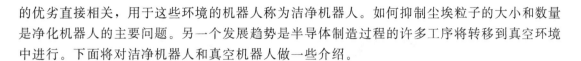

的优劣直接相关，用于这些环境的机器人称为洁净机器人。如何抑制尘埃粒子的大小和数量是净化机器人的主要问题。另一个发展趋势是半导体制造过程的许多工序将转移到真空环境中进行。下面将对洁净机器人和真空机器人做一些介绍。

6.4.1　洁净环境和真空环境

洁净等级以单位 ft^3（$1ft=0.3048m$）中的粒子数表示，依次称为 100 级或 10 级等。按照现行的设计准则，半导体 IC 制造过程中对尺寸的要求为 $0.8\mu m$ 的数量级，而且这个指标今后有越来越细小的倾向。因此，在标记净化等级的同时，也要标记对粒子直径的限制，统称为级。目前净化机器人多数划分为 10 级（$0.1\sim0.3\mu m$）。

真空机器人在 $10^{-5}Pa$ 的真空度下从事硅片的搬运，在设计时除考虑真空条件外，还应同时满足洁净环境。

6.4.2　洁净机器人

可以按上述环境的净化等级，对净化机器人进行分类，也可以从驱动的角度分类，即按关节驱动电机加以划分，其中多数属于直流或交流伺服电机附加减速的驱动方式。但也有用直接驱动方式，不用减速器的。在此举两个直接驱动净化机器人的例子，因它们与真空机器人也有关，所以有代表意义。

图 6-30 是四自由度直接驱动洁净机器人的外观，表 6-5 为其主要规格。该机器人的设计用途为在洁净间内中速运动，该机器人的各关节采用直接驱动。与传统方式比较，它的优点是从根本上减少了润滑零部件的数量，而润滑油正是洁净间内主要的污染源。减少污染的另一措施是限制整机零件的总数量。该机在削减重心惯量变化方面的设计也独具匠心，做到无论机器人的姿态如何，对电机输出功率以及折算到电机轴的惯量的影响很小。而且电机选用转子惯量较大的轴隙式步进电机，避免了负载惯量与转子惯量相差过于悬殊。

表 6-5　直接驱动洁净机器人的主要规格（1）

形式	四自由度圆柱坐标
持重	2kg
总重	45kg
重复精度	0.03mm
电机	回转：PM 型轴隙式步进电机 移动：PM 型圆柱式直线步进电机
净化等级	100 级（无真空排气装置） 10 级（有真空排气装置）

该机在移动轴的设计上也有特点。由于选用圆柱式直线步进电机，提高了移动体表面积的利用效率，使推力/体积比增大，并且通过电机的磁力与配重巧妙组合，取得机械损失为零和无重力化的效果。所选用电机的单位空隙面积的力输出达到 $0.58\sim0.75kgf/cm^2$（$1kgf/cm^2=0.098MPa$）。

图 6-31 为第二个例子，它是四自由度关节直接驱动型洁净机器人。驱动电机与前例相同。该洁净机器人采用开环步进电机，而非通常的带编码器的闭环伺服电机，理由是所需的零件少，有利于减少尘埃的产生。表 6-6 给出了该机器人的规格。机器人的第一臂到第三臂的轴间距很短，各臂又设计成运动互不干涉结构，所以适合在空间较小的洁净间里工作。由于机器人

以搬运硅片为主要用途，故设计成持重 200g，在无真空排气系统条件下满足 10 净化等级。

图 6-30　直接驱动洁净机器人(1)

图 6-31　直接驱动洁净机器人(2)

表 6-6　直接驱动洁净机器人规格（2）

驱动方式	步进电机驱动	最大速度	1.8m/s
第 1 臂长度	127mm	持重	500g
第 2 臂长度	127mm	机器人主机自重	45kg
第 3 臂长度	127mm	示教方式	示教再现
第 1 臂动作范围	360°	控制方式	PTP,CP 控制
第 2 臂动作范围	360°	存储容量	1000 点
第 3 臂动作范围	360°	外部输入输出通道	输入输出各 10 通道
Z 轴行程范围	125mm	控制柜体积	177mm×440mm×600mm
重复位置精度	±30μm	控制柜重量	31kg
净化等级	10 级	供电电源	AC 100V

设计直接驱动型洁净机器人时，应着重注意以下两点：如何抑制尘埃粒子的发生；在搬运硅片的过程中如何产生平滑的加减速运动，防止振动。对于第一点，在设计上采取的措施是尽量减少摩擦部分，并在轴承部分加装防止油性成分飞逸的结构。直接驱动方式传动系统没有减速器，相应轴承就少，符合抑制污染的目标。至于第二点，有数据表明，当电机以低于 5r/min 的速度搬运硅片时，运动是平稳的，并不产生振动。带减速器驱动方式在这样低速状态下容易起振，而直接驱动方式则很安全，但这时需把电机的力矩脉冲调整得很小。

6.4.3　真空机器人

半导体制造工艺过程多数要求在真空环境下完成，这是因为在大气压条件下，即使是洁净环境也很难做到让尘埃粒子少到指定的等级。以 4M 位容量的随机存储器为例，它的加工精度已达 0.8μm 左右，可见尘埃粒子的存在对元件特性的影响将十分显著。因此真空机器人一般都有洁净防尘的要求。

图 6-32 为真空中搬运硅片机器人的结构简图，表 6-7 列出了它的规格。

真空机器人首先必须注意解决脱气效应，这是洁净机器人中未曾遇到的新问题。机器人主机摆放在真空中时，散布在金属内部以及吸附在金属表面的气体分子将向环境飞逸。为了

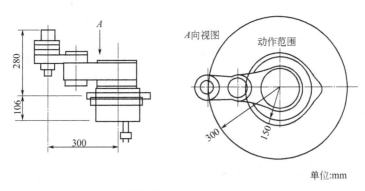

单位:mm

图 6-32　真空机器人外形

克服飞逸，必须认真选择金属材料。通常不锈钢和铝合金材料较合适。图 6-30 中的机器人用的是铝合金，轴承为不锈钢，而电机线圈的绝缘采用陶瓷材料。其次温升问题也是一个重要的研究课题。在大气环境下，产生的热量较容易向外部排放，而真空条件下的传热效果很差。

表 6-7　真空机器人规格

驱动方式	步进电机	最大速度	1.8m/s
第 1 臂长度	175mm	持重	500g
第 2 臂长度	125mm	机器人主机自重	32kg
S 轴动作范围	360°	示教方式	示教再现
R 轴动作范围	270°	控制方式	PTP,CP 控制
W 轴动作范围	360°	存储容量	1000 点
Z 轴移动行程	40mm	外部输入输出通道	输入输出各 8 通道
重复位置精度	$\pm 30\mu m$	供电电源	AC 100V
耐真空度	$10^{-6} Pa$		

综上所述，设计真空机器人时需要对传热做专门的考虑。虽然部分热量可以靠辐射方式转移，但由于温差不大，效果不会很显著。机器人的安装面可能是较为有效的传热通道。应先设法让电机产生的热量有效地传到安装面上，安装面具有良好的导热性能，可让热量顺利地传导出去。

此外，对供电和耐热也得做特殊的处理。应采用密封方式，将供电部分的真空侧和大气侧分割开。对耐热需做特殊考虑的理由是，在抽真空工序中，为了缩短作业时间，往往需加温烘烤，所以机器人应按耐热 120℃ 的条件来设计。

真空机器人也是采用直接驱动方式，这样便无须对减速器及其检测装置作抽真空处理，因而机器人的耐真空性能好。一般而言，有时步进电机会出现开环失控。但就机器人来说，由于动作按示教要求重复循环，电机的载荷变化规律是一定的，无需担心失控的发生。

6.5　移动式搬运机器人

在工厂用移动式搬运机器人（transfer robot）、无人搬运车（unmanned transfer

vehicle)、无人台车（unmanned carriage）、自主小车（autonomous guided vehicle），均为电池供电并由橡胶轮胎传动，通过路径引导的方式在无人驾驶的状态下，装载工件或其他物品，自动移动于工厂装配工位或加工工位之间，送达目标位置。移动式搬运机器人既与传统流水线大批量生产的传送带加搬运机器人的概念不同，也有别于传统柔性的概念，是一种针对路径多岔、搬运对象多变、中批量生产规模的运输手段。在工厂自动化（FA，factory automation），柔性制造系统（FMS，flexible manufacturing system）中，移动式搬运机器人是不可缺少的。

6.5.1　自动导引小车系统的组成

(1) AGV 车载控制器（AGV vehicle controller）

AGV 控制器使用国际著名工控品牌研华成熟的前接线系列主机作为处理器核心，配合各种功能模块，实现 AGV 控制器的通用性与模块化，各功能模块性能稳定可靠且分工明确，即保证了 AGV 整体性能的灵活配置，又便于不同系统功能的扩充与维护。

(2) AGV 驱动系统（AGV drive system）

AGV 驱动轮使用欧洲进口的 AGV 专用全方位驱动轮。该种车轮集成了行驶与转向两个单元，该种 AGV 专用车轮外层使用树脂橡胶材料作成，具有强度高、耐磨损、稳定性高、具有一定的弹性等优点，非常适合于 AGV 系统的使用。转向单元使用一个独立的伺服电机装有旋转编码器及高精度位置检测电位计，转向单元可在 ±90° 的范围内转动，控制驱动电机的驱动轴向，配合驱动单元的正反转，可使车轮沿任意方向运动。车轮单独组成一驱动机械系，在一个轮支架内安装有直流伺服电机、同轴减速器、抱闸、旋转编码器及测速机等，车轮结构紧凑、空间占用少、可控性高、性能可靠、维护简单。在装配型 AGV 中装有两个独立控制的驱动轮。

(3) 导航系统（navigation system）

装配型 AGV 使用磁导航，在 AGV 下方装有磁传感器专业公司为 AGV 专门设计的磁导航传感器，该传感器结构紧凑、使用简单、导航范围宽、导航精度高、灵敏度高、抗干扰性好，AGV 地标传感器使用同一系列的横向产品，安装尺寸更小，可与导航传感器使用相同的信号磁条。

AGV 的地面磁导航系统是 AGV 在运行过程中所能达到的路径，主要由以下几部分构成：运行路径导航线、地标导航线和弯道导航线。采用磁导航的方法，运行路径导航线由长 500mm、宽 50mm、厚度为 1mm 的磁性橡胶铺设而成，根据路径的具体要求可以进行适当的裁剪。地标导航线由长 150mm、宽 50mm、厚度为 1mm 的磁性橡胶铺设而成，在地图上地标是各个站点的标志。弯道导航线由路径导航线和地标导航线构成，如图 6-33 所示。

AGV 在弯道的运行分成下述几个步骤：

① 找到地标。

② 按一定的转弯半径，AGV 靠码盘的位置编程来完成圆弧的轨迹。

③ 寻找导航线，按导航线的路径行走。

(4) 在线自动充电系统（online automatic charge system）

AGV 使用高容量镍镉充电电池作为供电电源。该种电池一方面在短时间内可提供较大的放电电流，在 AGV 启动时可提供给驱动系统以较大的加速度，另一方面该种电池的最大充电电流可达到额定放电电流的 10 倍以上，使用大电流充电即可减少电池的充电时间，

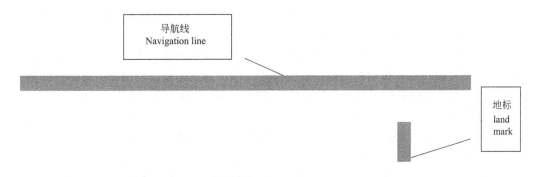

图 6-33 导航线及地标

AGV 的充电运行时间比可达到 1:8，AGV 可利用在线停车操作的时间进行在线充电，快速补充损失的电量，使 AGV 在线连续运行成为了可能。

在 AGV 运行路线的充电位置上安装有地面充电连接器，在 AGV 车底部装有与之配套的充电连接器，AGV 运行到充电位置后，AGV 充电连接器与地面充电接器的充电滑触板连接，最大充电电流可达到 200A 以上。

(5) 无线局域网通信系统（wireless LAN communication system）

AGV 控制台与 AGV 间采用无线通信方式，控制台和 AGV 构成无线局域网。控制台依靠无线局域网向 AGV 发出系统控制指令、任务调度指令、避碰调度指令。控制台同时可接收 AGV 发出的通信信号。AGV 依靠无线局域网向控制台报告各类指令的执行情况、AGV 当前的位置、AGV 当前的状态等。

无线局域网使用工业级专业通信电台，车载电台与系统通信接入点之间使用多频点跳频数字通信，系统具有 60 多个频点可选，通信速度高、抗干扰性好，且通信电台支持多主无缝方式漫游，在较大的应用空间内有非常好的区域扩展能力。

(6) 驱动控制系统

AGV 驱动控制器采用美国专业生产厂家生产的产品，根据驱动电机的功率可选择不同型号的驱动器，同时该驱动器的输入电压适应范围比较宽，适应电池供电系统的应用。该产品连接简洁，便于安装，调试方便。

(7) 非接触防碰装置（non-contact bumper device）

在 AGV 前后除了安装接触式防碰装置外，还安装有非接触防碰装置。非接触防碰装置是由一对长距离宽区域光电传感器及防护装置组成，该传感器为进口器件，可通过其正面的灵敏度调节器进行灵敏度调节，还可使用开关选择合适 AGV 行驶路线路况的检测领域。该传感器具有自动防干扰功能，但对颜色敏感。

6.5.2 自动导引小车的导引方式

自动导引小车（AGV）之所以能按照预定的路径行驶是依赖于外界的正确导引。对 AGV 进行导引的方式可分为两大类：固定路径导引方式和自由路径导引方式。

(1) 固定路径导引方式

固定路径导引方式是在预定行驶路径上设置导引用的信息媒介物，运输小车在行驶过程中实时检测信息媒介物的信息而得到导引。按导引用的信息媒介物不同，固定路径导引方式主要有电磁导引、光学导引、磁导引、金属带导引等，如图 6-34 和图 6-35 所示。

如图 6-34（a）所示，电磁导引是工业用 AGV 系统中最为广泛、最为成熟的一种导引方式。它需在预定行驶路径的地面下开挖地槽并埋设电缆，通以低压低频电流。该交流电信号沿电缆周围产生磁场，AGV 上装有两个感应线圈，可以检测磁场强弱并以电压表示出来。比如，当导引轮偏离到导线的右方时，左侧感应线圈可感应到较高的电压，此信号控制导向电机使 AGV 的导向轮跟踪预定的导引路径。电磁导引方式具有不怕污染，电缆不会遭到破坏，便于通信和控制，停位精度较高等优点。但是这种导引方式需要在地面上开挖沟槽，并且改变和扩充路径也比较麻烦，路径附近的铁磁体可能会干扰导引功能。

如图 6-34（b）所示，光学导引方式是在地面预定的行驶路径上涂以与地面有明显色差的具有一定宽度的漆带，AGV 上光学检测系统的两套光敏元件分别处于漆带的两侧，用以跟踪 AGV 的方向。当 AGV 偏离导引路径时，两套光敏元件检测到的亮度不等，由此形成信号差值，用来控制 AGV 的方向，使其回到导引路径上。光学导引方式的导引信息媒介物比较简单，漆带可在任何类型的地面上涂置，路径易于更改与扩充。

如图 6-34（c）所示，以铁氧磁体与树脂组成的磁带代替漆带，AGV 上装有磁性感应器，形成了磁带导引方式。

| (a) 电磁导引 | (b) 光学导引 | (c) 磁带导引 |

图 6-34　AGV 移动的导引方式

金属带导引如图 6-35 所示，在地面预定的行驶路径上铺设极薄的金属带，金属带可以用铝材，用胶将其牢牢地粘在地面上。采用能检测金属的传感器作为方向导引传感器，用于 AGV 与路径之间相对位置改变信号的检测，通过一定的逻辑判断，控制器发出纠偏指令，从而使 AGV 沿着金属带铺设的路径行走，完成工作任务。作为检测金属材料的传感器，常用的有涡流型、光电型、霍尔型和电容型等。涡流型传感器对所有金属材料都起作用，对金属带表面要求也不高，故采用涡流型传感器检测金属带为好，如图 6-36 所示。图 6-37 表示一组方向导引传感器，由左、中、右三个涡流型传感器组成，并用固定支架安装在小车的前部。金属带导引是一种无电源、无电位金属导引，既不需要给导引金属带供给电源信号，也不需要将金属带磁化，金属带粘贴非常方便，更改行驶路径也比较容易，同时在环境污染的情况下，导引装置对金属带仍能有效地起作用，并且金属带极薄，并不造成地面障碍。所以，与其他导引方式比较，金属带导引是固定路径导引方式中可靠性高、成本低、简单灵活，适合工程应用的一种 AGV 导引技术。

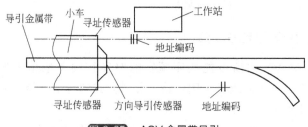

图 6-35　AGV 金属带导引

(2) 自由路径导引方式

自由路径导引方式是在 AGV 上储存着行驶区域布局上的尺寸坐标，通过一定的方法识

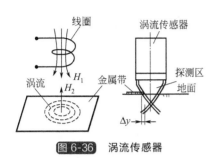

图 6-36 涡流传感器

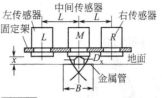

图 6-37 金属带导引传感器探头

别车体的当前方位，运输小车就能自主地决定路径而向目标行驶。自由路径导引方式主要有路径轨迹推算导引法、惯性导引法、环境映射导引法、激光导航导引法等。

① 路径轨迹推算导引法，安装于车轮上的光电编码器组成差动仪，测出小车每一时刻车轮转过的角度以及沿某一方向行驶过的距离。在 AGV 的计算机中储存着距离表，通过与测距法所得的方位信息比较，AGV 就能算出从某一参数点出发的移动方向。其最大的优点在于改动路径布局时，只需改变软件即可，而其缺点在于驱动轮的滑动会造成精度降低。

② 惯性导引法，在 AGV 上装有陀螺仪，导引系统从陀螺仪的测量值推导出 AGV 的位置信息，车载计算机算出 AGV 相对于路径的位置偏差，从而纠正小车的行驶方向。该导引系统的缺点是价格昂贵。

③ 环境映射导引法，也称为计算机视觉法。通过对周围环境的光学或超声波映射，AGV 周期性地产生其周围环境的当前映像，并将其与计算机系统中存储的环境地图进行特征匹配，以此来判断 AGV 自身当前的方位，从而实现正确行驶。环境映射导引法的柔性好，但价格昂贵且精度不高。

④ 激光导航导引法，在 AGV 的顶部放置一个沿 360° 按一定频率发射激光的装置，同时在 AGV 四周的一些固定位置上放置反射镜片。当 AGV 行驶时，不断接收到从三个已知位置反射来的激光束，经过运算就可以确定 AGV 的正确位置，从而实现导引。

⑤ 其他方式，在地面上用两种颜色的涂料涂成网格状，车载计算机存储着地面信息图，由摄像机探测网格信息，实现 AGV 的自律性行走。

第**7**章
工业机器人工作站的设计与应用

7.1 机器人的应用工程

如何组成一个机器人工作站或生产线，是机器人应用工程所要研究的问题。一般来说在组建工作站和组建生产线的过程中必须考虑下述一些问题。

(1) 生产节拍的计算

首先要根据用户的产量要求，计算出生产节拍，这是判定机器人系统的设置规模（台数、组站还是组线）、周边设备配置方式及选型的最重要依据。

(2) 作业内容和环境认定

以弧焊工作站为例，根据焊件工作图，了解焊缝的形式、位置、尺寸（长和宽）及公差要求，对焊件的强度和密封性能要求，被焊件的材料、厚度和焊接方法（CO_2焊、氩弧焊等）；焊丝直径；焊接速度以及工作站内的设备布局要求；环境温度、湿度范围等。上述内容应以技术文件的形式进行认定，它是作业规划和设备配置的重要前提。

(3) 机器人作业规划和设备配置

这是组站或组线的关键。仍以工作站为例，在充分了解作业内容和环境条件之后，就要拟定作业过程。如机器人如何由待机位置快速移动到第一条焊缝的开始点；以什么样的姿态和方式（有无横摆）焊接；电流值、电压值的选取；起、收弧的方式；焊缝之间的运动速度和方式（机器人或变位机单独运动，或者是两者协调运动等）以及焊枪的清理；焊丝的剪头等。

规划作业一定要与机器人、工具（末端执行器）、传感器和周边设备的选型、配置同时进行。例如有变位机就可简化工作对工具的姿势要求。为了节约机器人的等待时间，变位机就要做成双投入型，即装卡工件与机器人焊接同时进行。其他诸如工件的供给方式，产品的卸料、运输、存贮等对设备的选型和配置也有很大的影响。如果是生产线，还要考虑站和站之间的缓冲时间和方式等。

进行这一工作的最后结果，要用站和线的平面和立面配置图以及物流图加以表示。

(4) 作业时间测算和干涉检查

在作业规划和设备配置的基础上还要进行时间测算和工作过程中机器人、工件、周边设备之间的干涉检查。如果工作周期太长或工作过程中有干涉发生（包括焊枪运摆姿势与工件本身的干涉或与夹具的干涉），就必须调整设计，直至工作周期和干涉检查达到要求为止。

在进行这一工作时，往往需要作业建模和初步编程，从而进行仿真或重点试验，以便有效地对所设计的机器人工作站、线进行评价。

(5) 工程投资及效益计算

一个工作站（或线）设计的好坏，最终的标准应该是投资的多少和效益（社会效益和经济效益）的高低。如果投资过大，工程建设单位无法承担；如果效益不好，工程就没有意义。投资和效益的比较标准是用机器人完成或不用机器人而采用专用设备完成同一作业各自所需的投资和可能的效益（包括数量和质量）。这一比较是十分必要的，也是比较困难和复杂的。

7.2　机器人工作站的一般设计原则

工作站的设计是一项较为灵活多变、关联因素甚多的技术工作，其中具有共性的一般设计原则有：设计前必须充分分析作业对象，拟定最合理的作业工艺；必须满足作业的功能要求和环境条件；必须满足生产节拍要求；整体及各组成部分必须全部满足安全规范及标准；各设备及控制系统应具有故障显示及报警装置；便于维护修理；操作系统应简单明了，便于操作和人工干预；操作系统便于联网控制；工作站便于组线；经济实惠，快速投产等 10 项。这 10 项设计原则体现了工作站用户的多方面需要，简单地说就是千方百计地满足用户的要求。限于篇幅，下面只对更具特殊性的几项原则展开讨论。

(1) 工作站的功能要求和环境条件

机器人工作站的生产作业是由机器人连同它的末端执行器、夹具和变位机以及其他周边设备等具体完成的，其中起主导作用的是机器人，所以这一设计原则首先在选择机器人时必须满足。满足作业的功能要求，具体到选择机器人时，可从三方面加以保证：有足够的持重能力，有足够大的工作空间和有足够多的自由度。满足环境条件可由机器人产品样本的推荐使用领域加以确定。下面分别加以讨论。

① 确定机器人的持重能力。机器人手腕所能抓取的质量是机器人一个重要性能指标，习惯上称为机器人的可搬质量，这一可搬质量的作用线垂直于地面（机器人基准面）并通过机器人腕点 P。一般说来，同一系列的机器人，其可搬质量越大，它的外形尺寸、手腕基点（P）的工作空间、自身质量以及所消耗的功率也就越大。

在设计中，需要初步设计出机器人的末端执行器，比较精确地计算它的质量，按照下式初步确定机器人的可搬质量 R_G。

$$R_G = (M_G + G_G + Q_G)K_1$$

式中　M_G——末端执行器主体结构质量；

　　　G_G——最大工件的质量；

　　　Q_G——末端执行器附件质量；

　　　K_1——安全系数，$K_1 = 1.0 \sim 1.1$。

在某些场合，末端执行器比较复杂，结构庞大，例如一些装配工作站和搬运工作站中的末端执行器。因此，对于它的设计方案和结构形式，应当反复研究，确定出较为合理可行的结构，减小其质量。如果末端执行器还要抓取或搬运工件，就要按最大工件的质量 G_G 进行计算；Q_G 是除末端执行器的主体结构外，其他附件质量的总和，比如气动管接头、气管、气动阀、电气元器件，导线和线夹等；K_1 是安全系数，当 M_G、G_G 和 Q_G 3 项之和与机器人自搬质量的标准值有一定余量时，可以不考虑 K_1，此时，K_1 可取 1；当上述 3 项之和与某一标准值非常接近时，取 $K_1 > 1$，通常情况下，末端执行器的质量越大，机器人手腕基点的动作范围越大，以及机器人的运行速度越高，K_1 的取值就越大，反之，可取小值。

另外，末端执行器重心的位置对机器人的可搬质量是有影响的。同一质量的末端执行器，其重心位置偏离手腕中心（P）越远，对该中心形成的弯矩也就越大，所选择的机器人可搬质量就要更大一些。

质量参数是选择机器人最基本的参数，决不允许机器人超负荷运行。例如使用可搬质量为 60kg 的机器人携带总重为 65kg 的末端执行器及负载长时间运转，必定会大大降低机器人的重复定位精度，影响工作质量，甚至损坏机械零件，或因过载而损坏机器人控制系统。

② 确定机器人的工作空间。机器人的手腕基点 P 的动作范围就是机器人的名义工作空间，它是机器人的另一个重要性能指标。在设计中，首先根据质量大小和作业要求，初步设计或选用末端执行器，然后通过作图找出作业范围，只有作业范围完全落在所选机器人的 P 点工作空间之内，该机器人才能满足作业的范围要求。否则就要更换机器人型号，直到满足作业范围要求为止。

③ 确定机器人的自由度。机器人在持重和工作空间上满足对机器人工作站或生产线的功能要求之后，还要分析它是否可以在作业范围内满足作业的姿态要求。如图 7-1（a）所示的简单堆垛作业，作为末端执行器的夹爪，只需绕垂直轴的 1 个旋转自由度，再加上机器人本体的 3 个圆柱坐标自由度，4 个自由度的圆柱坐标机器人即可满足要求。若用垂直关节型机器人，由于上臂常向下倾斜，又需手腕摆动的自由度，故需 5 个自由度的垂直关节型机器人。图 7-1（b）表示电子插件作业，常使用 4 个自由度水平关节的 SCARA 机器人。为了焊接复杂工件，一般需要 6 个自由度。如果焊体简单，又使用变位机，在很多情况下 5 个自由关节机器人即可满足要求。自由度越多，机器人的机械结构与控制就越复杂，所以在通常情况下，如果少自由度能完成的作业，就不要盲目选用更多自由度的机器人去完成。

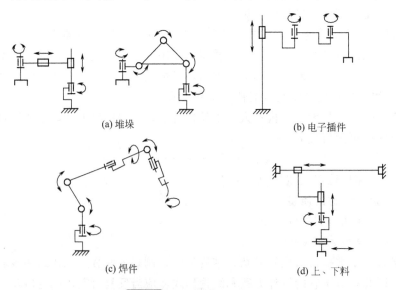

(a) 堆垛　　　　　　　　　　　　　　(b) 电子插件

(c) 焊件　　　　　　　　　　　　　　(d) 上、下料

图 7-1　自由度与作业的关系

总之，在选择机器人时，为了满足功能要求，必须从持重、工作空间、自由度等方面来分析，只有它们同时被满足或者增加辅助装置后即能满足功能要求的条件，所选用的机器人才是可用的。

机器人的选用也常受机器人市场供应因素的影响，所以，还需考虑市场价格，只有那些可用而且价格低廉、性能可靠、且有较好的售后服务，才是最应该优先选用的。

目前，机器人在许多生产领域里得到了广泛应用，如装配、焊接、喷涂和搬运码垛等。各种应用领域必然会有各自不同的环境条件，为此，机器人制造厂家根据不同的应用环境和作业特点，不断地研究、开发和生产出了各种类型的机器人供用户选用。各生产厂家都对自己的产品给出了最合适的应用领域，他们不光考虑了功能要求，还考虑了其他应用中的问题，如强度刚度、轨迹精度、粉尘及温湿度等特殊要求。在设计工作站选用机器人时，应首先参考生产厂家提供的产品说明。

(2) 工作站对生产节拍的要求

生产节拍是指完成一个工件规定的处理作业内容所要求的时间，也就是用户规定的年产量对机器人工作站工作效率的要求。生产周期是机器人工作站完成一个工件规定的处理作业内容所需要的时间，也就是工作站完成一个工件规定的处理作业内容所需要花费的时间。在总体设计阶段，首先要根据计划年产量计算出生产节拍，然后对具体工件进行分析，计算各个处理动作的时间，确定出完成一个工件处理作业的生产周期。将生产周期与生产节拍进行比较，当生产周期小于生产节拍时，说明这个工作站可以完成预定的生产任务；当生产周期大于生产节拍时，说明一个工作站不具备完成预定生产任务的能力，这时就需要重新研究这个工作站的总体构思，或增加辅助装置，最大限度地发挥机器人的效率，使某些辅助工作时间与机器人的工作时间尽可能重合，缩短总的生产周期；或增加机器人数量，使多台机器人同时工作，缩短零件的处理周期；或改革处理作业的工艺过程，修改工艺参数。如果这些措施仍不能满足生产周期小于生产节拍的要求，就要增设相同的机器人工作站，以满足生产节拍。由于机器人工作站类型很多，不可能找到一种通用的生产周期的计算方法，这里根据经验，介绍生产节拍的计算和几种常用作业的时间计算方法。

① 生产节拍的计算。按照用户技术要求中提出的工件年产量、全年工作日、每日班数和每班工作小时数等内容，根据下面的公式计算出生产节拍 T。

$$T = \frac{60DCH}{I}$$

式中　I——工件年产量，件/y；

　　　D——全年工作日，即全年实际工作天数，d；

　　　C——每日班数，$C=1\sim3$，个；

　　　H——每天实际工作小时数，h。

② 弧焊的作业时间。弧焊的作业时间包括保护气断开时间和熔焊时间，即：

$$T = A + B$$
$$A = (0.3 + K)M$$
$$B = \frac{60L}{V} + MT$$

式中　T——弧焊作业时间，s；

　　　A——保护气断开时间，即非熔焊时间，s；

0.3——稳定起弧的时间；

　　B——熔焊时间，s；

　　M——焊缝条数，条；

　　K——焊缝之间机器人的移动时间，s，取值参考表 7-1；

　　L——各焊缝长度之和，即焊缝总长，mm；

　　V——机器人焊枪熔焊时的移动速度，mm/s。

机器人熔焊时的移动速度 V 与被焊材料、焊丝直径、焊缝厚度、焊缝层数及坡口形状等因素有关，一般情况下，它的取值范围是 $V=10\sim20mm/s$，如果工作站系统内配置了焊缝监视跟踪装置，那么焊接速度最高可达 $V=40mm/s$，总体设计时，可以根据经验或类比同类型工作站初选一个值，也可以进行必要的模拟实验，确定出合适的焊接速度，最终的取值应当在试运行阶段，根据焊缝质量，工件定位偏差，机器人示教等因素确定。

表 7-1　焊缝间机器人移动时间 K 的取值

$K=1.1$	工件夹紧缸数量较少,焊枪姿势变化较小
$K=1.2$	一般情况
$K=1.3$	定位挡块及夹紧缸数量多,焊枪姿势变化较大

③ 机器人持枪点焊作业时间。点焊作业中，一种类型是机器人手持工件，送至点焊机处进行点焊；另一种类型是机器人手持点焊枪，接近被夹好的工件进行点焊。这里讨论后一种作业的时间计算问题，见下式。

$$T=(t+K)P+S+2.0$$

式中　T——点焊作业时间，s；

　　　t——一个点的点焊时间，$t=1.5s$，如点焊枪质量差异较大时，可通过实验进行修正；

　　　K——焊点之间机器人移动时间，s；

　　　P——工件的总焊点数；

　　　S——点焊枪姿态变化时间，s。

K 的取值要根据焊点距离和运动干涉状况决定。如果焊点的点距在 100mm 以下，而且点焊枪与夹具和夹具缸在焊枪运动方向没有干涉，点焊枪可以进行连续作业，那么 $K=0.8$。如果焊点的点距大于 100mm，或者点焊枪与夹具和夹具缸在焊枪运动方向有干涉现象，需要点焊枪变换其姿态绕开干涉物，则 $K=1.0\sim1.2$。S 是点焊枪变换姿态所需要的时间，它与姿态变换方式和变化幅度大小有关，具体数据参见表 7-2。

表 7-2　点焊枪姿态变化时间 S 的取值

点焊枪姿势变换方式				
S 值	90°	1.8s	45°	2.0s
	180°	2.5s	90°	3.0s

在机器人工作站中，总会有这样或那样的辅助装置，它们可以用来实现工件的定位、夹紧、搬运和转位等各种动作要求。这些机构的运动速度往往会影响整个工作站的周期作业时间。速度太慢，必然加大周期作业时间，降低生产效率；而速度过大，又会造成已定位工件的跑位、撞击及剧烈的振动等问题。

其他作业的时间计算要根据具体作业状况，一步一步地估算，最后相加得出作业周期时间，不赘述。

(3) 安全规范及标准

由于机器人工作站的主体设备——机器人是一种特殊的机电一体化装置，与其他设备的运行特性不同，机器人在工作时是以高速运动的形式掠过比其机座大很多的空间，其手臂各杆的运动形式和启动难以预料，有时会随作业类型和环境条件而改变。同时，在其关节驱动器通电的情况下，维修及编程人员有时需要进入其限定空间；又由于机器人的工作空间内常与其周边设备工作区重合，从而极易产生碰撞、夹挤或由手爪松脱而使工件飞出等危险，特别是在工作站内机器人多于一台协同工作的情况下产生危险的可能性更高。因此在工作站的设计过程中，必须充分分析可能的危险情况，估计可能的事故风险。

根据"工业机器人安全规范"国家标准，在作安全防护设计时，应遵循以下原则：自动操作期间安全防护空间内无人；当安全防护空间内有人进行示教、程序验证等工作时，应消除危险或至少降低危险。

为了保证上述原则的实现，在工作站设计时，通常应该做到：设计足够大的安全防护空间，如图7-2所示，该空间的周围设置可靠的安全围栏，在机器人工作时，所有人员不能进入，围栏应设有安全联锁门，当该门开启时，工作站中的所有设备不能启动工作。

工作站必须设置各种传感器，包括光屏、电磁场、压敏装置、超声和红外装置以及摄像装置等，当人员无故进入防护区时，立即使工作站中的各种运动设备停止工作。

当人员必须在设备运动条件下进入防护区工作时，机器人及其周边设备必须在降速条件下启动运转，工作者附近的地方应设急停开关，围栏外应有监护人员，并随时可操纵急停开关。

对用于有害介质或有害光环境下的工作站，应设置遮光板、罩或其他专用安全防护装置。

机器人的所有周边设备，必须分别符合各自的安全规范。

图7-3是一个机器人焊接工作站关于安全措施设计的实例。

① 用铝合金型材作围栏和门的框架。装上半透明塑料板，用以遮挡弧光，两交替装夹和焊接的工作台也装有遮光板。围栏内只有机器人和工作台。作为出口的拉门，装有插拔式电接点开关与机器人联锁，机器人只能在关上门的工作台上进行焊接。

② 操作者与夹具台之间有一活动拉门，可拉向A侧或B侧的夹具台。每侧都有行程开关检测拉门的位置，且与作业启动有对应的联锁互锁关系。例如拉门在A侧时，互锁关系使得不能启动B侧的作业程序，操作者可在B侧安全地装卸工件，联锁关系只允许启动A侧作业程序，反之亦然。行程开关的监视方法是分别用指示灯显示状态；且两者不能同时接通。

③ 由于使用气动夹具，操作盒上除了有急停、启动按钮之外，还有多个夹具操作的按钮开关。为防止作业程序的误启动，启动操作为双按钮双手启动。即用安装距离约400mm的两个按钮串联使用，同时按下才有效。而且对按钮接通时间进行监视，若接通时间在数秒

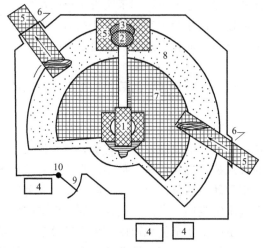

1—机器人；2—末端执行器；3—工件；4—控制或
动力设备；5—相关设备；6—安全防护装置；
7—限定空间；8—（8＋7）最大工作空间；
9—联锁门；10—联锁装置

图 7-2 限定空间和安全防护空间

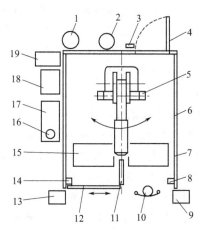

1—气瓶；2—焊丝；3—安全开关；4—门；
5—机器人本体；6—安全围栏；7—夹具台；
8—行程开关；9—操作盒；10—操作者；
11—遮光板；12—拉门；13—操作盒；
14—行程开关；15—夹具台；16—塔形指示灯；
17—工作站控制柜；18—机器人控制柜；19—焊机

图 7-3 工作站安全设计

以上则停机报警，因为这可能是按钮有故障或配线短路，易引发误启动。

④ 工业机器人的示教以外的运行操作是在工作站控制柜的操作显示盘上进行。其中的主电源开关和示教——运转选择开关必须插入钥匙才能转动。为防止因指示灯损坏而误显示，在示教模式时可检验所有的指示灯。方法是有一个专用按钮，按下时指示灯全亮则为正常。工作站控制柜的顶板之上安装 3 层塔形指示灯，最上层为红色，亮时表示停机（故障停机时伴有反光镜旋转和声响）；中层为黄色，表示手动或示教；最下层为绿色，表示运行。

⑤ 使用带碰撞传感器的焊枪把持器；设定作业原点；设定软极限等。

7.3 点焊机器人工作站

7.3.1 点焊机器人工作站的基本组成

焊接机器人工作站可适用于不同的焊接方法，如熔化极气体保护焊（MIG/MAG/CO_2）、非熔化极气体保护焊（TIG）等离子弧焊接与切割、激光焊接与切割、火焰切割及喷涂等。

点焊机器人工作站通常由点焊机器人（包括机器人本体、机器人控制柜、编程盒、一体式焊钳、定时器和接口及各设备间的连接电缆、压缩空气管和冷却水管等）、工作台、工件夹具、电极修整装置、围栏和安全保护设施等部分组成，如图 7-4 所示。焊接时工件被夹具固定在工作台上不作变位，简易点焊机器人工作站还可采用两台或多台点焊机器人分别布置在工作台的两侧的方案，各台机器人同时工作，每台机器人负责焊接各自一侧（区）的焊点。由于点焊是从工件的正反面两侧同时进行的，而且焊接质量与焊接时该点所处的空间位置和姿态无关，因此点焊机器人工作站很多都属简易型的。

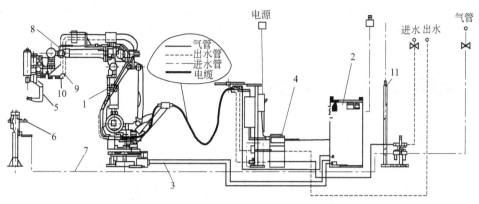

1—焊钳；2—机器人控制柜；3—控制电缆；4—点焊定时器；5—点焊钳；6—电极修整装置；

7,8,9,10—气、电、进水、出水管线；11—安全围栏点焊机器人

图7-4　点焊机器人工作站基本组成

7.3.2　简易点焊机器人的应用

大部分较小的工件在点焊时，只要机器人能够把焊钳送到所有需要点焊的部位，都可以不需要变位，因为点焊的质量与焊点的空间位置无关，焊接时工件可以不需变位，生产中采用简易点焊机器人工作站比较多。图7-5为一种点焊轿车车身侧板的双机器人点焊工作站。由于生产节拍的需要，以及避免机器人作大范围的移动，采用了双点焊机器人的方案。每台机器人负责各自一区的焊点的焊接。这种点焊机器人工作站大多只有一个工位，焊完一件再装一件。不少工厂将这种简易点焊机器人工作站安装在工件的流水线上，自动上件，自动点焊及自动送出焊完的工件，以提高效率。这种工件不变位，多台点焊机器人联合工作的工作站，在汽车的顶、底板及前、后、侧围板制造中用得较多。

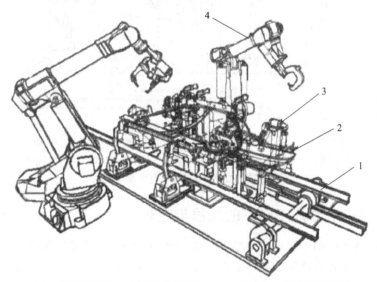

1—工件输送轨道；2—轿车车身侧板；3—工件夹具；4—点焊机器人

图7-5　双点焊机器人工作站

点焊机器人的编程一般地说比弧焊机器人要简单些，因为点焊时只关心点的位置的准确，而对机器人从一点到另一点所走过的轨迹并不重要，所以编程时主要采用点位控制

（P），很少用直线（L）或圆弧（C）方式。如果发现机器人在移位过程中焊钳与工件或夹具有发生碰撞的可能时，可以在这两点之间的外侧加一个非焊接的过渡点。为了提高效率，希望选用的机器人在短距离移位时能有较快的速度。

7.4　弧焊机器人工作站

7.4.1　弧焊机器人工作站的基本组成

弧焊机器人工作站一般由弧焊机器人（包括机器人本体、机器人控制柜、示教盒、弧焊电源和接口、送丝机、焊丝盘支架、送丝软管、焊枪、防撞传感器、操作控制盘及各设备间相连接的电缆、气管和冷却水管等）、机器人底座、工作台、工件夹具、围栏、安全保护设施和排烟罩等部分组成，必要时可再加一套焊枪喷嘴清理及剪丝装置，如图7-6所示。简易弧焊机器人工作站的一个特点是焊接时工件只是被夹紧固定而不作变位。

可见，除夹具须根据工件情况单独设计外，其他的都是标准的通用设备或简单的结构件、简易弧焊机器人工作站由于结构简单，可由工厂自行成套，只需购进一套焊接机器人，其他可自己设计制造和成套。但必须指出，这仅仅就简易机器人工作站而言，对较为复杂的机器人系统最好还是由机器人工程应用开发单位提供成套交钥匙服务。

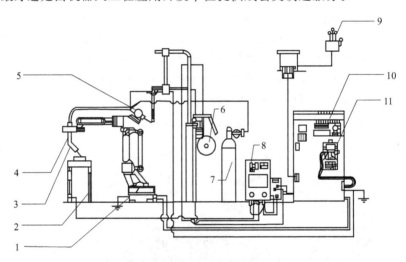

1—弧焊机器人；2—工作台；3—焊枪；4—防撞传感器；5—送丝机；6—焊丝盘；
7—气瓶；8—焊接电源；9—三相电源；10—机器人控制柜；11—编程器

图7-6　弧焊机器人工作站的基本组成

7.4.2　简易弧焊机器人工作站的编程与控制

简易弧焊机器人的编程是比较简单的，由于外围设备没有需要控制的，因此只要对焊枪的轨迹与姿态进行编程及选定焊接参数就可以了。对一个圆形焊缝，对机器人最少需要示教三个点，如果要示教得比较精确，多示教几个点效果更好。示教前先把焊丝的伸出长度（干伸长）调节到要求的长度。用编程器调出新的编程程序，设定该工件的程序代码。机器人运动轨迹的逐点编程方式有三种：即点（P）、直线（L）和圆弧（C）。P表示该点属点位控制PTP，只重视该点的位置，而从前一点到该点之间所走的路径无关紧要。L表示该点与前一点之间是连成一条直线，采用直线插补方法控制机器人的运动。C 表示该点与前一点和后一点将连成一段圆弧，按圆弧插补方法控制机器人的运动，后两种均属连续路径控制（CP）。开始编程时先设定机器人的原点位置（Home Point）。这点的位置一般选在两个工位之间，离工件稍远的地方，用 P 方式作为第 1 点输入（Enter）；用编程器将焊枪手控移到接近第一个工位工件接缝的起焊点上方一个合适的点，即原点与起焊点之间的过渡点，用 P 的方式作为第 2 点输入，再把焊枪移到起焊点，使焊丝的端头对准接缝。并调好焊枪的姿态，即调好焊枪的行进角和工作角（前后及左右倾角），将该点的位置以 P 方式输入作为程序的第二点输入、在编程器上按一下起焊钮（Weld Start），并设定焊接参数，包括焊接电流、电弧电压、焊接速度、提前送气时间等。如焊丝需要作摆动，还要再按摆动开始按钮（Wave Start），并设定摆动参数，包括摆动样式、摆频和摆幅等。如要在圆形焊缝上每隔 90° 示教一个点，对这个圆形焊缝还需再输入 4 个点，均以圆弧方式（C）作为程序中的第 4～7 点输入。每次都要把焊枪移到该点位置，使焊丝端头对准接缝，并注意调好焊枪姿态。第 7 点可以用复制方式（Copy）将第 3 点的位置数据作为第 7 点再输入一次，以节省调对机器人焊枪位置和姿态的时间，同时也能使第 7 点的位置和焊枪姿态完全与第 3 点重合（有时第 7 点可以省略）。第 8 点应设在搭焊一定距离后的终止焊接点，也是以 C 的方式输入。然后按编程器上的停止焊接按钮（Weld End），设定停焊的参数。如用了摆动程序，还应按停止摆动按钮（Weld End）。停焊后先把焊枪提到一个合适高度的点，可以是复制第 2 点的位置，以 P 的方式作为第 9 点输入。最后一点（第 10 点）是复制机器人的原点位置（Home Point），也是以 P 方式输入。编程结束后，先不焊接，空走几遍，检查焊枪的姿态和位置是否合适，如不满意可再进行修改。用同样方法对第二个及更多个工位的工件进行编程。必须在每一个工件的焊接程序之前都加一个等待和判断语句，看哪个工位先发出"准备完毕"的信号，再调出对应工件的程序进行焊接。焊完后同时解除该工件的准备完毕信号，以便机器人控制柜能接收下一个信号。如工作站配备有清嘴装置，需要对焊过的工件进行计数，累计一定数后运行一次清嘴子程序，包括清嘴、剪丝和喷防飞溅硅油等。整套程序经过试焊后就可以进行生产了。

简易弧焊机器人工作站的控制是比较简单的，除了机器人之外，没有其他需要控制的，机器人的控制柜就能完成全部的控制任务。由于有两个或更多个工位，轮流进行上下工件，因此每个工位都要有一个操作盒，每个操作盒上至少要有一个急停按钮和一个"准备完毕"的按钮。这是弧焊机器人工作站中最简单的一种形式。

第8章
自主移动机器人应用实例

　　目前，全国性质的电子设计大赛几乎每次都有涉及智能车这方面的题目，全国各高校也都非常重视该方向的研究。本章结合主流智能车设计比赛所具有的一些共同特点，以设计一个自动避障的智能车为实例，对主要功能模块的硬件设计及软件编程进行说明。

　　本章设计的智能电动小车具有实时显示速度、自动寻迹、避障以及可遥控行驶等功能。根据题目的要求，确定如下方案：在现有小车底盘基础上，加装光电、红外线探测器，实现对小车的速度实时测量，并将测量数据传送至单片机进行处理，然后由单片机根据所检测的数据，实现对小车的智能控制。

　　本次设计采用的是 MCS-51 系列单片机，以 MCS-51 为控制核心，利用红外避障模块检测道路上的障碍，控制小车自动避障，利用摄像头进行自动寻迹，用光电模块测量速度。最后的整体电路图用 Protel 进行设计。

8.1　单片机基础知识

　　在嵌入式移动机器人的设计中，单片机起到了至关重要的作用，在 1970 年微型计算机问世以后，美国 Intel 公司就推出了 4 位单片机 4004。目前最为广泛应用的入门级单片机的典型代表是 20 世纪 80 年代 Intel 公司推出的 MCS-51 系列，各大半导体厂商均推出以 MCS-51 的 8051 内核，满足各种嵌入式应用的多种类型和型号的单片机，如 NEC、Atmel、AMD 等公司。

　　MCS-51 系列单片机分为 51 和 52 两个子系列，包括 80C51、87C51、80C52、87C52 等产品型号，它们的内部结构基本相同，主要差别在于片内资源配置不同，例如 52 系列单片机在存储容量、计数器和中断源数量方面高于 51 系列，但是其控制原理是一样的，其内部资源都挂在内部总线上，需要通过总线传输数据和指令，其基本结构如图 8-1 所示。

　　80C51 单片机内部资源主要包括：

- 8 位的 CPU；
- 4KB 的 ROM；
- 128B 的 RAM；
- 2 个 16 位的定时器/计数器；

- 4 个 8 位双向 I/O 口；
- 1 个全双工串行口；
- 5 个中断源；
- 21 个专用寄存器。

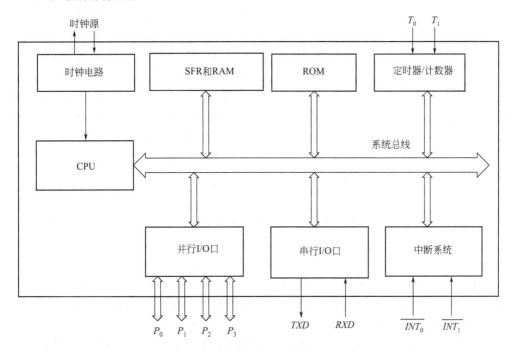

图 8-1　51 单片机结构

(1) 控制器

控制器包括程序计数器（PC）、指令寄存器（IR）、指令译码器（ID）、数据指针（DPTR）。PC 是一个 16 位的专用寄存器，是用来存放下一条指令的首地址，读取指令后，PC 内容自动加 1，以保证程序按照顺序执行，在 KeilC 软件下，利用调试功能，可以看到目前程序执行的位置。IR 是一个 8 位的寄存器，用于暂存执行的指令。ID 是对指令寄存器中的指令进行译码，将指令转变成单片机可以执行的电信号，在经过定时控制电路产生执行该指令所需要的各种控制信号。DPTR 是一个 16 位的专用地址指针寄存器，由两个 8 位寄存器 DPH 和 DPL 组成，可用来指向全部 ROM 地址空间和片外的 RAM 地址空间。

(2) 运算器

运算器包括累加器（ACC）、算术逻辑部件（ALU）和程序状态字（PSW）。ACC 是一个 8 位二进制寄存器，通过暂存器与 ALU 相连，用来存放操作数和运算结果。ALU 由加法器、两个 8 位暂存器（TMP1/TMP2）和布尔处理器组成，ALU 是 51 单片机的处理核心，程序通过累加器和寄存器控制 ALU 完成算术和逻辑运算。PSW 是一个 8 位的专用寄存器，用于存放程序运行过程中的各种状态信息。

(3) 51 单片机外部引脚及其功能

51 单片机共有 40 个引脚，包括 32 条 I/O 接口、4 条控制引脚、2 条电源引脚和 2 条时钟引脚，如图 8-2 所示。

① 电源 VCC 和 VSS：VCC（40）接+5V；VSS（20）接地。

1	P1.0	VCC	40
2	P1.1	P0.0	39
3	P1.2	P0.1	38
4	P1.3	P0.2	37
5	P1.4	P0.3	36
6	P1.5	P0.4	35
7	P1.6	P0.5	34
8	P1.7	P0.6	33
9	RST/VPD	P0.7	32
10	RXD P3.0	$\overline{\text{EA}}$/VPP	31
11	TXD P3.1	ALE/$\overline{\text{PROG}}$	30
12	$\overline{\text{INT0}}$ P3.2	$\overline{\text{PSEN}}$	29
13	$\overline{\text{INT1}}$ P3.3	P2.7	28
14	T0P3.4	P2.6	27
15	T1P3.5	P2.5	26
16	$\overline{\text{WR}}$ P3.6	P2.4	25
17	$\overline{\text{RD}}$ P3.7	P2.3	24
18	XTAL2	P2.2	23
19	XTAL1	P2.1	22
20	VSS	P2.0	21

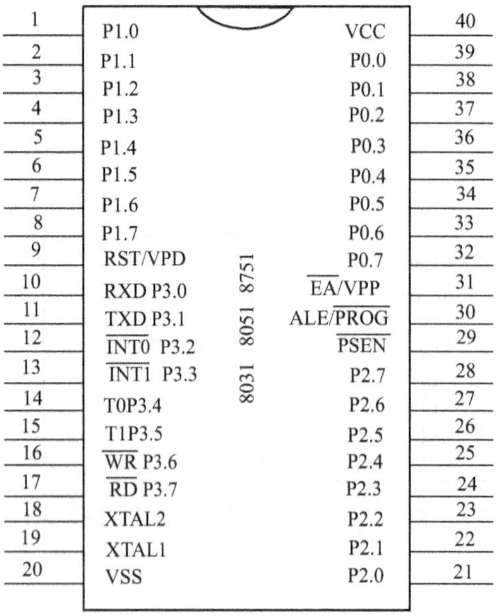

（中间竖排：8031 8051 8751）

图 8-2　51 单片机外部引脚

② 外接晶振 XTAL1 和 XTAL2：XTAL1（19）片内反相放大器的输入端，这个放大器构成了片内振荡器时接低电平。XTAL2（18）片内反相放大器的输出和内部时钟发生器的输入端时用于输入外部振荡器信号。

③ 控制线。

a. RST/VPD（9）当作为 RST 使用时，为复位输入端。在振荡器工作时，在 RST 与 VCC 引脚之间连接一个约 $10\mu\text{F}$ 电容，RST 与 VSS 引脚之间连接一个约 $8.2\text{k}\Omega$ 的电阻，可以实现上电复位功能。作为 VPD 使用时，此引脚可接上备用电源，只为片内 RAM 供电，保持信息不丢失。

b. EA/VPP（31）如使用片内有 ROM/EPROM 的 8051/8751，EA 端必须接高点平，对片内 EPROM 编程时，此引脚（VPP）接入 21V 编程电压。

c. ALE/PROG（30）当访问外部存储器时，ALE（地址锁存允许）输出用来锁存 P0 口输出低 8 位地址。对片内 EPROM 编程时，该引脚（PROG）用于输入编程脉冲。

(4) 输入／输出口

① P0 口（32～39）8 位双向 I/O 口。在外接存储器时，P0 口作为低 8 位地址/数据总线复用口。在对片内 EPROM 编程时，P0 口接收指令代码；而在内部程序验证时，则输出指令代码，并要求外接上拉电阻。

② P1 口（1～8）8 位具有内部上拉电阻的双向 I/O 口。在片内 EPROM 编程及校验时，它接收低 8 位地址。对 8032/8052，其中 P1.0 和 P1.1 还具有第二功能：P1.0（T2）为定时器/计数器 2 的外部事件脉冲输入端。P1.1（T2Ex）为定时器/计数器 2 的捕捉和重新装入触发脉冲输入端。

③ P2 口（21～28）8 位具有内部上拉电阻的双向 I/O 口。在外接存储器时，P2 口作为高 8 位地址总线。Atmel 在对片内 EPROM 编程、校验时，它接收高位地址。

④ P3 口（10～17）8 位带有内部上拉电阻的双向 I/O 口。第二功能：P3.0（RXD），串行输入端口；P3.1（TXD），串行输出端口；P3.2（INT0），外部中断 0 输入端；P3.3（1NTl），外部中断 1 输入端；P3.4（T0），定时器/计数器 0 外部输入端；P3.5（T1），定时器/计数器 1 输入端；P3.6（WR），外部数据存储器写选通；P3.7（RD），外部数据存储器读选通。

8.2　单片机常用开发软件

Keil C51 是美国 Keil Software 公司出品的 51 系列兼容单片机 C 语言软件开发系统，同时支持汇编语言，Keil C51 软件提供丰富的库函数和功能强大的集成开发调试工具，全 Windows 界面。如图 8-3 所示。

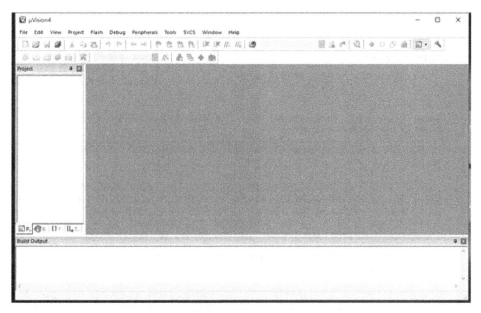

图 8-3 Keil C 编程界面

(1) 软件安装

首先可根据需要购买最新的 KeilC51 软件，双击安装程序，会弹出如图 8-4 所示的 KeilC51 安装界面，提示安装的版本和注意事项。

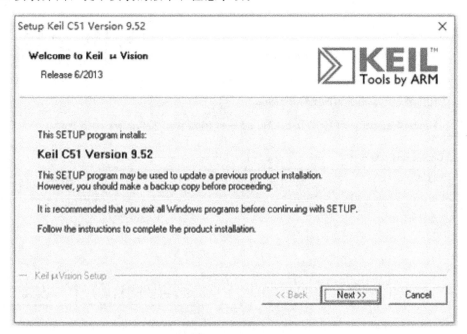

图 8-4 Keil C 安装界面

单击 "Next"，进入如图 8-5 所示的下一步，安装界面提示版权声明，同样单击 "Next"，进入到下一步安装界面。

如图 8-6 所示，安装界面提示选择软件安装的路径，系统默认路径为 c：\ Keil,用户可以根据情况进行修改，但是自定义路径中尽量不要出现非英文字符，否则有可能造成 Keil

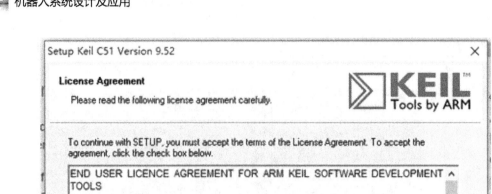

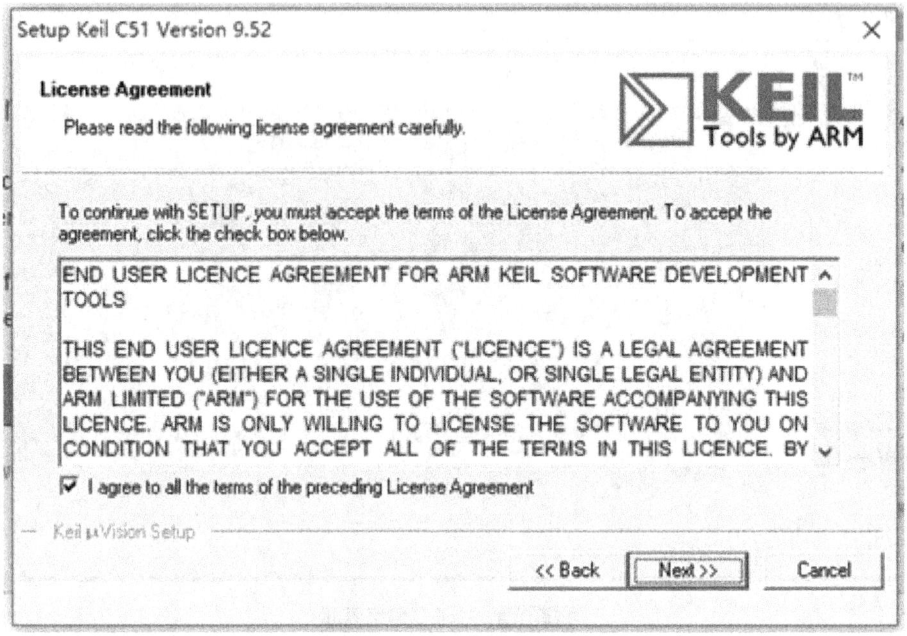

图 8-5　Keil C 版权声明界面

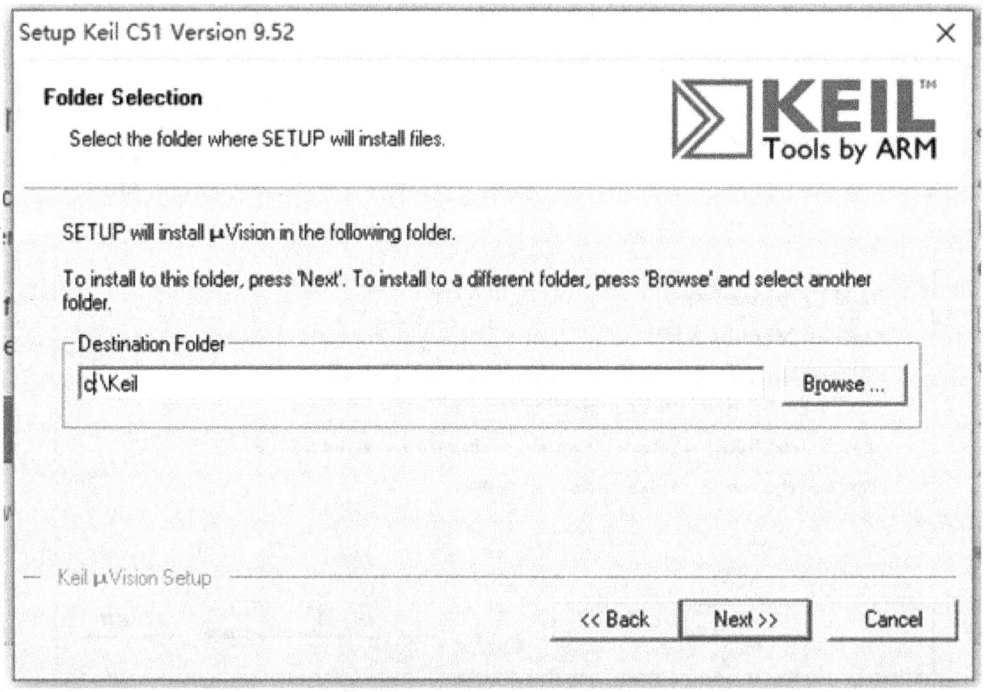

图 8-6　Keil C 安装路径选择界面

C51 软件运行错误。

　　设置好路径后单击"Next"进入到如图 8-7 所示的安装界面，此界面提示输入用户的姓名、单位以及联系方式，用户可以根据实际情况进行输入，以便得到后续的技术支持。

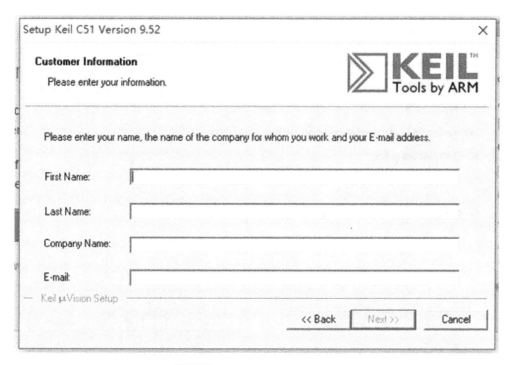

图 8-7　Keil C 用户信息输入界面

输入完成之后单击"Next"，如图 8-8 所示，此时进入软件安装过程，依电脑配置不同，此过程需要的时间也不同，待进度条完成便可单击"Next"进入如图 8-9 所示的软件成功安装的提示界面，单击"Finish"完成整个安装过程。

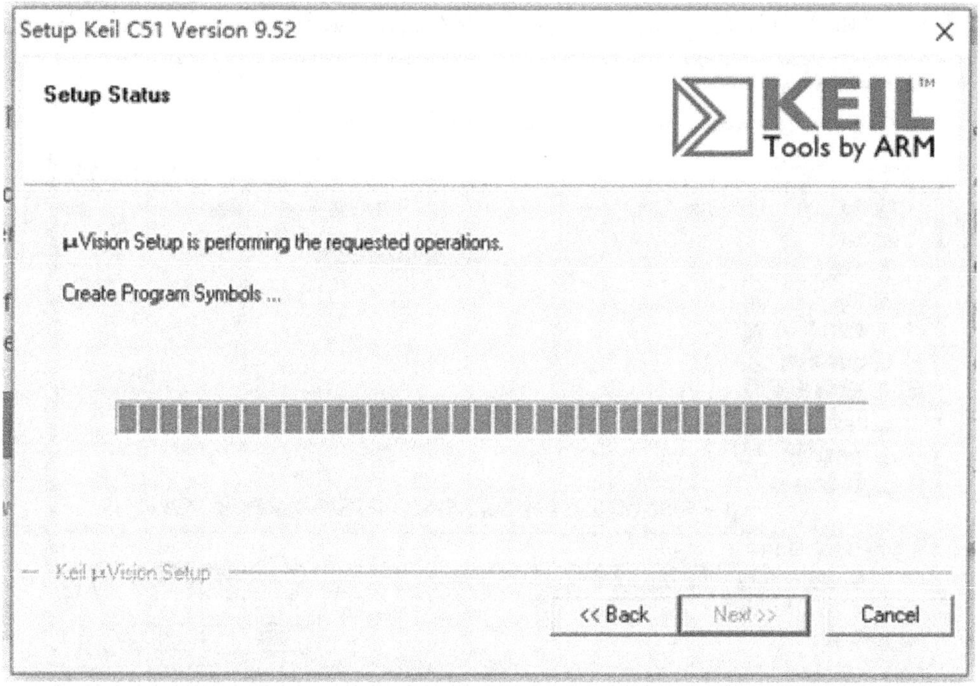

图 8-8　Keil C 安装

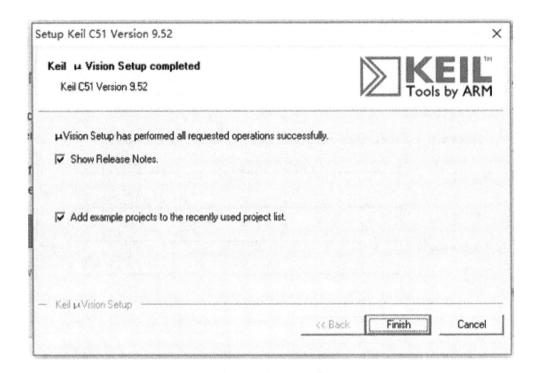

图 8-9　Keil C 安装成功界面

(2) 建立新的工程

要完成一个单片机的开发，首先要建立一个工程文件，打开 Keil C51 软件，单击 "Project"菜单，在弹出的下拉菜单中选择 "New Project" 选项，在弹出的 "Creat New Project" 对话框中输入工程名，例如 "test"，然后选择该工程文件的保存路径，如图 8-10 所示，最后单击 "保存"。

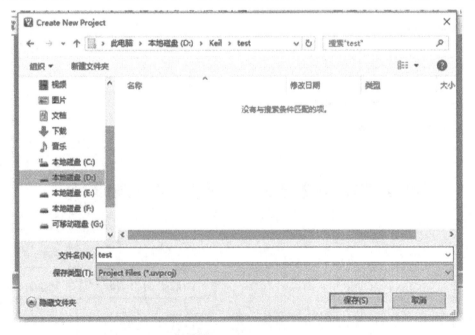

图 8-10　新建工程路径选择

　　在随后弹出的对话框中，需要用户选择单片机的型号，在左侧的列表中可以看到，Keil C51 几乎支持所有主流的以 51 为核心的单片机，本书以 Atmel 出品的 80C51 为例，鼠标点选之后可以在右侧看到关于此款单片机的基本说明，如图 8-11 所示，供用户可以参考其内部资源是否可以满足项目要求。

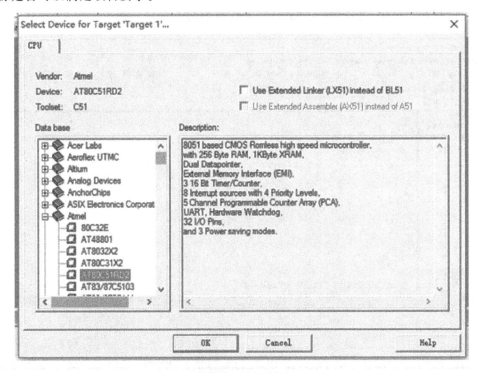

图 8-11　选择目标板

完成以上步骤后，即进入 Keil C51 的编程界面，如图 8-12 所示，单击"File"菜单，

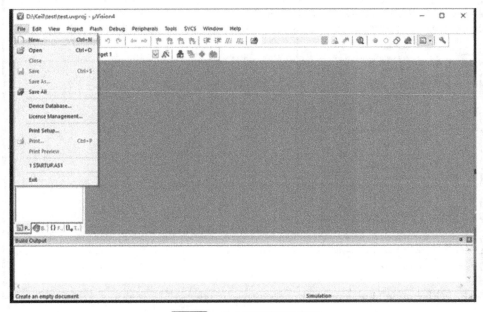

图 8-12　Keil C 新建工程界面

在下拉菜单中单击"New"选项，此时在编辑窗口输入光标开始闪烁，即可键入应用程序。

在键入好应用程序以后，单击菜单"File"，在下拉菜单中选中"Save As"选项，如图8-12所示，在文件名栏键入文件名，必须注意的是，在文件名后需要同时键入文件类型，如果采用C语言编程，则后缀名为.c，如果采用汇编语言编程，则文件的后缀名为.asm，最后单击"保存"按钮，保存键入的程序，最终界面如图8-13所示。

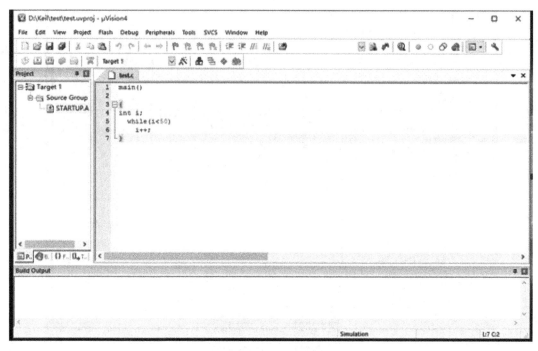

图 8-13　Keil C 工作界面

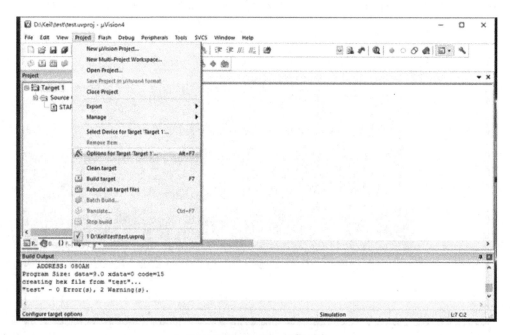

图 8-14　编译工程

在检查程序无误后，还需要对程序进行编译，单击"Project"菜单，在下拉菜单中单击"Build Target"选项，对程序进行编译。编译通过后，单击"Project"菜单，在下拉菜单中单击"Options for Target 'Target1'"，如图8-14所示。

然后选中"Output"中的"Create HEX File"选项，单击"OK"后重新编译即可生成HEX文件，通过下载软件下载到单片机中即可运行，如图8-15所示。

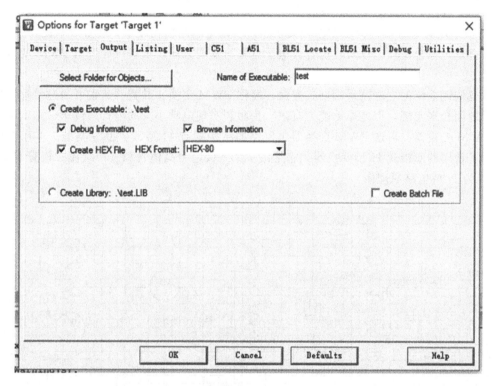

图 8-15 生成 HEX

8.3 系统硬件设计

8.3.1 直流调速模块

方案一：静止可控整流器（简称 V-M 系统）

V-M 系统是当今直流调速系统的主要形式。它可以是单相、三相或更多相数，半波、全波、半控、全控等类型，可实现平滑调速。V-M 系统的缺点是晶闸管的单向导电性，它不允许电流反向，给系统的可逆运行造成困难。它的另一个缺点是运行条件要求高，维护运行麻烦。最后，当系统处于低速运行时，系统的功率因数很低，并产生较大的谐波电流。

方案二：脉宽调速系统

采用晶闸管的直流斩波器基本原理与整流电路不同的是，在这里晶闸管不受相位控制，而是工作在开关状态。当晶闸管被触发导通时，电源电压加到电动机上，当晶闸管关断时，直流电源与电动机断开，电动机经二极管续流，两端电压接近于零。脉冲宽度调制（Pulse Width Modulation），简称 PWM。脉冲周期不变，只改变晶闸管的导通时间，即通过改变脉冲宽度来进行直流调速。

与 V-M 系统相比，PWM 调速系统有下列优点。

① 由于 PWM 调速系统的开关频率较高，仅靠电枢电感的滤波作用就可以获得脉动很小的直流电流，电枢电流容易连续，系统的低速运行平稳，调速范围较宽，可达 1：10000 左右。由于电流波形比 V-M 系统好，在相同的平均电流下，电动机的损耗和发热都比较小。

② 同样由于开关频率高，若与快速响应的电机相配合，系统可以获得很宽的频带，因此快速响应性能好，动态抗干扰能力强。

③ 由于电力电子器件只工作在开关状态，所以主电路损耗较小，装置效率较高。

根据以上综合比较，以及目前各大电子竞赛的发展方向，本章设计采用 PWM 变换器进行调速。

脉宽调速系统的主电路采用制式变换，简称 PWM 变换。脉宽调速也可通过单片机控制继电器的闭合来实现，但是驱动能力有限。为顺利实现电动小车的前行与倒车，本章采用了可逆 PWM 变换器。可逆 PWM 变换器主电路的结构式有 H 型、T 型等类型。本章在设计中采用了常用的双极式 H 型变换器，它是由 4 个三极电力晶体管和 4 个续流二极管组成的。图 8-16 为 H 桥电路原理图。

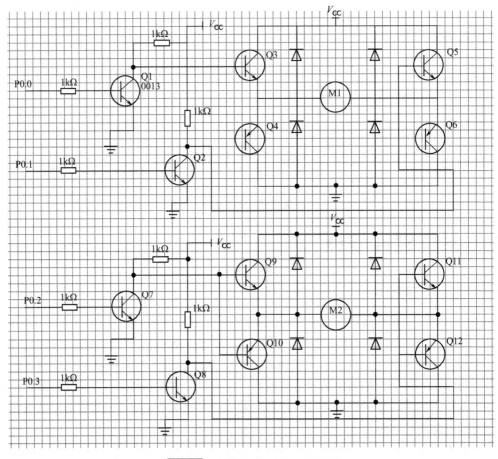

图 8-16 电机驱动 H 桥电路原理图

PWM 方式即脉冲宽度调制方式，主要有分辨率、周期两个参数，分辨率是指在一个周期内可控的最小时间，分辨率越高，控制精度也越高，T_1/T 也称作占空比。即通过调节占空比来进行调速。单片机应用于工业控制等方面时，一般采用 PWM 方式对模拟量进行控制，在周期 T 一定的情况下，通过调整工作时间 T_1 来达到对模拟量控制的目的。单片机的 PWM 方式是指单片机通过软、硬件在指定的 I/O 口输出工作时间 T_1 可调的一定频率的方波信号如图 8-17 所示。

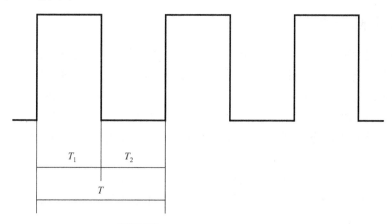

图 8-17 单片机产生的方波信号

设电机始终接通电源时，电机转速最大为 V_{max}，设占空比为 $D=T_1/T$，则电机的平均速度为 $V_a=V_{max}D$，其中 V_a 指的是电机的平均速度；V_{max} 是指电机在全通电时的最大速度；$D=T_1/T$，是指占空比。

由上面的公式可见，当改变占空比 $D=T_1/T$ 时，就可以得到不同的电机平均速度 V_d，从而达到调速的目的。严格来说，平均速度 V_d 与占空比 D 并非严格的线性关系，但是在一般的应用中，可以将其近似地看成是线性关系。

8.3.2 蓝牙遥控模块

遥控系统可以采用蓝牙模块 HC-06 实现单片机与上位机的串口通信，图 8-18 为 HC-06 蓝牙模块。

HC-06 的配置方法如下。

① 引出接口包括 VCC，GND，TXD，RXD，预留 LED 状态输出脚，单片机可通过该脚状态判断蓝牙是否已经连接，KEY 引脚对从机无效。

② LED 指示蓝牙连接状态，闪烁表示没有蓝牙连接，常亮表示蓝牙已连接并打开了端口。

③ 底板 3.3V LDO，输入电压 3～7V，未配对时电流约 30mA，配对后约 10mA，输入电压禁止超过 7V。

④ 接口电平 3.3V，可以直接连接各种单片机（51，AVR，PIC，ARM，MSP430 等），5V 单片机也可直接连接，无需 MAX232 芯片进行电平转换。

⑤ 空旷地有效距离 10m。

⑥ 配对以后当全双工串口使用，但仅支持 8 位数据位、1 位停止位、无奇偶校验的通信格式，这也是最常用的通信格式，不支持其他格式。

图 8-18 HC-06 蓝牙模块

⑦ TXD：发送端，一般表示为自己的发送端，正常通信必须接另一个设备的 RXD。RXD：接收端，一般表示为自己的接收端，正常通信必须接另一个设备的 TXD。默认波特率为 9600，默认密码 1234。

8.3.3 红外避障模块

红外光电管有两种，一种是无色透明的 LED，此为发射管，它通电后能够产生人眼不可见红外光，另一部分为黑色的接收部分，它内部的电阻会随着接收到红外光的多少而变化。无论是一体式还是分离式，其检测原理都相同，由于黑色吸光，当红外发射管照射在黑色物体上时反射回来的光就较少，接收管接收到的红外光就较少，表现为电阻大，通过外接电路就可以读出检测的状态；同理，当照射在白色表面时反射的红外线就比较多，表现为接收管的电阻较小，此时通过外接电路就可以读出另外一种状态，如用电平的高低来描述上面两种现象就会出现高低电平之分，也就是会出现所谓的 0 和 1 两种状态，此时再将此送到单片机的 I/O 口，单片机就可以判断是黑白路面，进而完成相应的功能，如循迹、避障等。图 8-19 为红外避障模块实物。

图 8-19 红外避障模块实物图

当模块检测到前方障碍物信号时，电路板上绿色指示灯点亮，同时 OUT 端口持续输出低电平信号，该模块检测距离 2～60cm，检测角度 35°，检测距离可以通过电位器进行调节，顺时针调电位器，检测距离增加；逆时针调电位器，检测距离减少。传感器主动红外线反射探测，因此目标的反射率和形状是探测距离的关键。其中黑色探测距离最小，白色最大；小面积物体距离小，大面积距离大。传感器模块输出端口 OUT 可直接与单片机 I/O 口连接即可，也可以直接驱动一个 5V 继电器；连接方式：VCC-VCC；GND-GND；OUT-I/O。

电压比较器可以采用 LM393，像大多数比较器一样，LM393 是高增益，宽频带器件，如果输出端到输入端有寄生电容而产生耦合，则很容易产生振荡。这种现象仅仅出现在当比较器改变状态时，输出电压过渡的间隙，电源加旁路滤波并不能解决这个问题，标准 PC 板的设计对减小输入-输出寄生电容耦合是有利的。减小输入电阻至小于 10kΩ 将减小反馈信号，而且增加甚至很小的正反馈量（滞回 1.0～10mV）能导致快速转换，使得不容易产生由于寄生电容引起的振荡，否则直接插入 IC（集成电路板 Integrated Circuit，缩写：IC）并在引脚上加上电阻将引起输入-输出在很短的转换周期内振荡。比较器的所有没有用的引脚必须接地。LM393 偏置网络确立了其静态电流与电源电压范围无关。通常电源不需要加旁路电容。差分输入电压可以大于 V_{cc} 并不损坏器件，保护部分能阻止输入电压向负端超过 $-0.3V$。

图 8-20 为红外避障模块原理图。

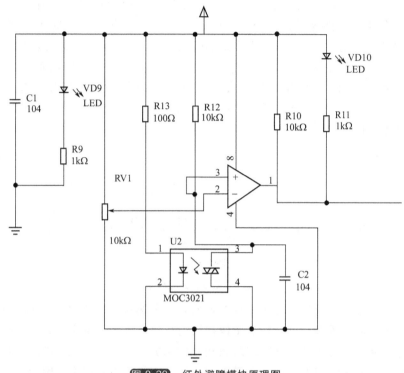

图 8-20　红外避障模块原理图

该传感器模块对环境光线适应能力强，其具有一对红外线发射与接收管，发射管发射出一定频率的红外线，当检测方向遇到障碍物（反射面）时，红外线反射回来被接收管接收，经过比较器电路处理之后，绿色指示灯会亮起，同时信号输出接口输出数字信号（一个低电平信号），可通过电位器旋钮调节检测距离，有效距离范围2～80cm，工作电压为 3.3～5V。该传感器的探测距离可以通过电位器调节、具有干扰小、便于装配、使用方便等特点，可以广泛应用于机器人避障、避障小车、流水线计数及黑白线循迹等众多场合。

8.3.4　摄像头循迹模块

摄像头分黑白和彩色两种，根据目前电子设计赛道的共同特点可知，为达到寻线目的，只需提取画面的 灰度信息，而不必提取其色彩信息，所以一般均采用以 COMS 为感光器件的黑白摄像头为图像采集器（图 8-21）。

摄像头的工作原理是：按一定的分辨率，以隔行扫描的方式采集图像上的点，当扫描到某点时，就通过图像传感芯片将该点处图像的灰度转换成与灰度一一对应的电压值，然后将此电压值通过视频信号端输出。摄像头连续地扫描图像上的一行，则输出就是一段连续的电压信号，该电压信号的

图 8-21　COMS 摄像头

高低起伏反映了该行图像的灰度变化。当扫描完一行，视频信号端就输出一个低于最低视频信号电压的电平，并保持一段时间。这样相当于，紧接着每行图像信号之后会有一个电压"凹槽"，此"凹槽"叫做行同步脉冲，它是扫描换行的标志。然后，跳过一行后，开始扫描新的一行，如此下去，直到扫描完该场的视频信号，接着会出现一段场消隐区。该区中有若干个复合消隐脉冲，其中有个远宽于（即持续时间远长于）其他的消隐脉冲，称为场同步脉冲，它是扫描换场的标志。场同步脉冲标志着新的一场的到来，不过，场消隐区恰好跨在上一场的结尾和下一场的开始部分，得等场消隐区过去，下一场的视频信号才真正到来。常用的摄像头每秒扫描 30 幅图像，每幅又分奇、偶两场，先奇场后偶场，故每秒扫描 60 场图像。奇场时只扫描图像中的奇数行，偶场时则只扫描偶数行，如图 8-22 所示。

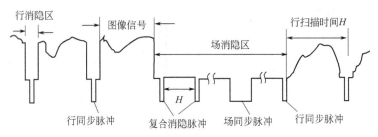

图 8-22　摄像头的工作原理

摄像头有两个重要的指标：分辨率和有效像素。分辨率实际上就是每场行同步脉冲数，这是因为行同步脉冲数越多，则对每场图像扫描的行数也越多。事实上，分辨率反映的是摄像头的纵向分辨能力。有效像素常写成两数相乘的形式，如"320×240"，其中前一个数值表示单行视频信号的精细程度，即行分辨能力；后一个数值为分辨率，因而有效像素＝行分辨能力×分辨率。

8.3.5　光电测速模块

测速模块的硬件设计可以通过红外对管检测到电机转速的变化，将物理量转变成电信

图 8-23　光电测速模块实物图

号，通过放大电路发送到控制器，实现电机速度的监测。测速模块由放大电路、红外对管、码盘及外围电路组成，电机转动时带动码盘转动，红外对管在对射和阻挡后返回给接收管的电压不同，由此可以把电机转动的物理量转换成变化的脉冲信号，经过放大电路的放大后输送到单片机进行计数，实现对电机速度的监测。图 8-23 为光电测速模块实物图。

该模块使用进口槽型光耦传感器，槽宽度5mm。有输出状态指示灯，输出高电平灯灭，输出低电平灯亮。有遮挡，输出高电平；无遮挡，输出低电平。比较器输出的信号干净，波形好，驱动能力强，超过 15mA。工作电压 3.3～5V。输出形式：数字开关量输出（0 和 1）设有固定螺栓孔，方便安装。小板 PCB 尺寸：3.2cm×1.7cm，使用宽电压 LM393 比较器，模块槽中无遮挡时，接收管导通，模块 D_0 输出低电平，遮挡时，D_0 输出高电平。

8.3.6　速度显示模块

显示电路可以采用 LED 数码管动态显示，LED（light-emitting diode）是一种外加电压从而渡过电流并发出可见光的器件。LED 是属于电流控制器件，使用时必须加限流电阻。LED 有单个 LED 和八段 LED 之分，也有共阴和共阳两种。

常用的七段显示器的结构如图 8-24 所示。发光二极管的阳极连在一起的称为共阳极显示器，阴极连在一起的称为共阴极显示器。1 位显示器由 8 个发光二极管组成，其中 7 个发光二极管 a～g 控制 7 个笔画（段）的亮或暗，另一个控制一个小数点的亮和暗，这种笔画式的七段显示器能显示的字符较少，字符的开头有些失真，但控制简单，使用方便。

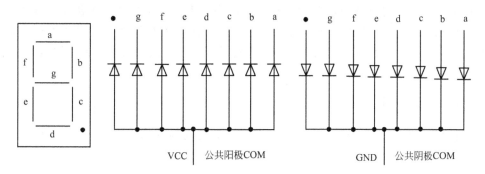

图 8-24　七段数码管显示器

光电测速模块采集到的数据通过单片机处理后即可将小车的实时速度显示在数码管上。本次采用 4 个共阳极数码管外加 7 个限流电阻。驱动电路采用 4 个 9015 三极管。图 8-25 为

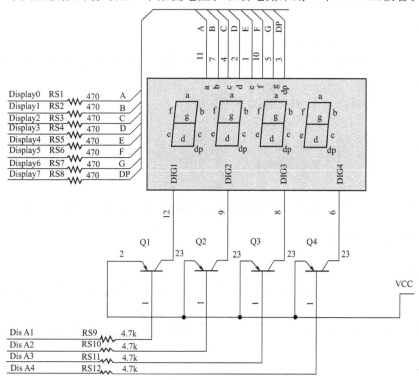

图 8-25　显示电路图

整个显示电路图。

8.4 控制方法及程序设计

在本节，主要根据上一节的内容进行程序设计，目前大部分相关的书籍给出的基本上都是采用 C 语言进行的程序设计，C 语言具有设计简单、可移植性强等优点，但是在底层功能设计中汇编语言显然更具有效率，尤其在 51 单片机现有的资源下，采用汇编语言设计可以大大节省系统资源，使得系统的执行效率最大化。基于以上考虑，本节首先给出了关键功能模块的完整汇编程序，其次在路径识别和控制部分给出了具体的设计思路和算法，读者可以根据自己的实际情况进行选择性阅读，并且可以将实现同一个功能的汇编语言和 C 语言进行对比，取长补短。本节的汇编设计中所涉及到的寄存器均为 51 系列单片机通用的寄存器，可直接编译，如遇特殊情况，读者可以根据实际情况进行修改。每个小节汇编程序关键语句均有注释说明，方便读者进行阅读理解。

8.4.1 串口通信程序

由硬件设计可设置串口通信的波特率为 9600，定时器的初值为 FDH，工作方式 2。汇编设计程序如下：

```
ORG    0023H ；串口中断入口
LJMP   SINT
START：MOV   TMOD，♯20H；工作方式 2
MOV   H1，♯0FDH ；利用定时器设置波特率
MOV   TL1，♯0FDH
SETB  TR1        ；开始计时
MOV   SCON，♯0C0H ；sm0，sm1 为 1 工作方式为 3，11 位异步通信，波特率可调取决于定时器 1 的溢出率
MOV   PCON，♯00H    ；SMOD 为 0 不加倍
SETB  REN          ；允许接收
SETB  EA           ；开总中断
SETB  ES           ；开串口中断
SJMP  $
SINT：MOV A，SBUF ；与蓝牙模块相连的手机里的十六进制数就输入到累加器里了
```

8.4.2 判断命令程序

```
N7：   LCALL DISP        ；调用显示程序
CJNE  R7，♯01H，N1；当接收到的命令为 01H（前进）则跳到 K1 处执行前进的程序
LJMP   K1
N1：   CJNE  R7，♯02H，N2；当接收到的命令为 02H（后退）则跳到 K2 处执行后退的程序
LJMP   K2
N2：   CJNE  R7，♯03H，N3；当接收到的命令为 03H（左转）则跳到 K3 处执行左转的
```

程序

LJMP K3

N3：　CJNE　R7，♯04H，N4；当接收到的命令为 04H（右转）则跳到 K4 处执行右转的程序

LJMP　K4

N4：　CJNE　R7，♯05H，N5；当接收到的命令为 05H（停止）则跳到 K5 处执行前进的程序

LJMP　K5

N5：　　CJNE R7，♯06H，N6；当接收到的命令为 06H（循迹）则跳到 K6 处执行循迹的程序

LJMP K6

N6：CJNE R7，♯07H，N10；当接收到的命令为 07H（鸣笛）则跳到 K7 处执行鸣笛的程序

LJMP K7

N10：CJNE R7，♯08H，N7；当接收到的命令为 08H（避障）则跳到 K8 处执行避障的程序

LJMP K8

8.4.3　避障程序

当前方遇到障碍物时，红外避障模块的 OUT 引脚输出 0 信号，否则为 1，用 JNB 检测到引脚低电平时则控制小车向后转 1s 再向左转 1s。

```
K8：    CLR P0.0           ；避障开始
   CLR P0.1           ；行走初始化
   CLR P0.2
   CLR P0.3
   CLR P0.6
   SETB P0.4
   SETB P0.5
   SETB P0.2
   SETB P0.6                    ；前进
L4：LCALL DISP
   SETB P0.0
   JNB P2.0，K9         ；判断障碍引脚为低电平跳转
   JNB P2.1，K9
   JNB P2.2，K9
   CJNE R7，♯09H，N11         ；判断是否有返回命令
LJMP L4
N11：LJMP N7                    ；检测到障碍物
K9：CLR P0.0                    ；停止
```

```
    CLR P0.1
    CLR P0.2
    CLR P0.3
    CLR P0.6
    SETB P0.4
    SETB P0.5
    SETB P0.3              ；后退 1s
L12：LCALL DISP
    SETB P0.1
    CJNE R7，♯09H，N12；判断是否有返回命令
    LCALL DEY1S
    LJMP K10
N12：LJMP N7
K10：CLR P0.0            ；停止
    CLR P0.1
    CLR P0.2
    CLR P0.3
    SETB P0.5
    SETB P0.4
    CLR P0.5              ；左转 1s
    LCALL DEY1S
    LJMP K8
```

8.4.4　光电测速程序设计

利用外部中断 INT0、INT1 接收光电传感器传来的数字信号，对 30H 和 31H 中的数进行改变。再利用 T0 中断每 500ms 对 30H 和 31H 中的数进行算法处理。

```
    SINT1：MOV 32H，A         ；将累加器原来的数保护
    MOV TH0，♯3CH          ；定时为 50ms
    MOV TL0，♯0B0H
    DJNZ R6，L101          ；循环 10 次 500ms
    MOV R6，♯0AH
    MOV A，30H             ；开始计算左边
    MOV B，♯05H            ；为了不使计算结果值不超出储存器最大值利用如下算法
    MUL AB
    MOV B，♯14H
    DIV AB
    MOV B，♯1AH
    MUL AB
    MOV B，♯0AH
```

```
     DIV AB
     MOV 60H，A；计算完毕储存到 60H
     MOV A，31H；开始计算右边
     MOV B，♯05H
MUL AB
     MOV B，♯14H
     DIV AB
     MOV B，♯1AH
     MUL AB
     MOV B，♯0AH
     DIV AB
     MOV 61H，A；计算完毕储存到 61H
     MOV 30H，♯00H
     MOV 31H，♯00H
L101：NOP
     MOV A，32H　　；将累加器原来的数还回
     RETI
```

8.4.5　循迹程序设计

红外避障模块接收到同为白色信号情况下前行，在此过程中哪侧检验到黑色信号哪端电机停止转动。当两端同为黑色信号时两电机同时转动（黑色十字交叉路口），此后哪端检验到白色信号哪端停止转动，同为白色时两电机同时转动，以此规律进行循迹。

```
     L6：CJNE R7，♯06H，L8 ；判断是否有返回命令

     JNB P2.1，LK
     LJMP L7
LK：　 CLR P0.0　　 ；停止
     CLR P0.1
     CLR P0.2
     CLR P0.3
     CLR P0.6
     SETB P0.4
     SETB P0.5
     CLR P0.7
     LJMP L6
L8：　 LJMP N7
L7：SETB P0.7
     SETB P0.0　　 ；前进
```

```
      SETB P0. 2
      SETB P0. 6
      LCALL DEY1    ；采用 PWM 脉宽调速使速度降低便于循迹
      CLR P0. 0
      CLR P0. 2
      LCALL DEY2
  JNB P2. 3，LK1；判断左端是否为黑线
      JNB P3. 6，LK2；判断右端是否为黑线
      LJMP LK5
  LK1：JNB P3. 6，L6    ；左端黑线向左转
      CLR P0. 0
      SETB P0. 2
      CJNE R7，♯06H，L8    ；判断是否有返回命令

      LJMP LK1
  LK2：CLR P0. 2          ；右端黑线向左转
      SETB P0. 0
      CJNE R7，♯06H，L8 ；判断是否有返回命令

  LK4：JNB P2. 3，L7
      LJMP LK4

  LK5：          ；交叉点判断相反
  CJNE R7，♯06H，L8 ；判断是否有返回命令

      JNB P2. 1，LK9
      LJMP L5
  LK9：CLR P0. 0    ；停止
      CLR P0. 1
      CLR P0. 2
      CLR P0. 3
      CLR P0. 6
      SETB P0. 4
      SETB P0. 5
      CLR P0. 7
  L5：SETB P0. 7
      SETB P0. 0      ；前进
      SETB P0. 2
      SETB P0. 6
      LCALL DEY1
```

```
CLR P0.0
CLR P0.2
LCALL DEY2
JB P2.3，LK6；
JB P3.6，LK7
LJMP L6
LK6：JB P3.6，LK5    右端白线向左转
      CLR P0.0
SETB P0.2
CJNE R7，♯06H，L8 ；判断是否有返回命令

LJMP LK6
LK7：  CLR P0.2 左端线向左转
SETB P0.0
CJNE R7，♯06H，LMK
LK8：  JB P2.3，LK5
LJMP LK8
LMK：LJMP N7
```

8.4.6　路径识别方法

所谓路径识别，简单的理解就是把图像中反映路径的部分提取出来。如图 8-26 所示这是一个图像分割的过程。图像分割是计算机进行图像处理与分析中的一个重要环节，是一种基本的计算机视觉技术。在图像分割中，把要提取的部分称为"物体"，把其余的部分称为"背景"。分割图像的基本依据和条件有以下 4 个方面：

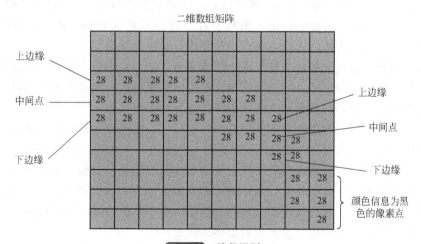

图 8-26　路径识别

① 分割的图像区域应具有同质性，如灰度级别相近、纹理相似等；

② 区域内部平整，不存在很小的小空洞；

③ 相近区域之间对选定的某种同质判据而言，应存在显著的差异性；

④ 每个分割区域边界应具有齐整性和空间位置的平整性。

现在的大多数图像分割方法只是部分满足上述判据。如果加强分割区域的同性质约束，分割区域很容易产生大量小空洞和不规整边缘；若强调不同区域间性质差异的显著性，则极易造成非同质区域的合并和有意义的边界丢失。不同的图像分割方法总是为了满足某种需要在各种约束条件之间找到适当的平衡点。

图像分割的基本方法可以分为两大类：基于边缘检测的图像分割和基于区域的图像分割。

边缘是指图像局部亮度变化最显著的地方，因此边缘检测的主要依据是图像的一阶导数和二阶导数。但是导数的计算对噪声敏感，所以在进行边缘检测前需要对图像滤波。大多数的滤波算法在滤除噪声的同时，也降低了边缘的强度。此外，几乎所有的滤波算法都避免不了卷积运算，对于智能车系统来说，这种运算的计算量是 S12 单片机系统所无法承受的。

阈值分割法是一种基于区域的分割技术，它对物体与背景有较强对比的景物的分割特别有用。它计算简单，而且总能用封闭且连通的边界定义不交叠的区域。阈值分割法的关键在于阈值的确定。如果阈值是不随时间和空间而变的，称为静态阈值；如果阈值随时间或空间而变化，称为而动态阈值。基于静态阈值的分割方法算法简单，计算量小，但是适应性差。基于动态阈值的分割方法其复杂程度取决于动态阈值的计算方法。

目标指引线是有宽度的（25mm），只要能探测的目标指引线，指引线的宽度信息对智能车定位系统并无额外的帮助。为达到寻线目的，实际上只要提取目标指引线的某些特征点，要求这些特征点合在一起能反映出指引线的形状。称这些特征点的矩阵坐标为特征位置，只要知道目标指引线的特征位置，就可以进一步推知目标指引线的形状和位置。提取目标指引线的矩阵坐标，就是指取一些能代表它的特征点，然后求取这些特征点的矩阵坐标。

目标指引线有两类比较重要的特征 ：中间点和边缘点（如二维数组矩阵中颜色信息为黑色的像素点）。可以取每列的中间点或边缘点作为该列的特征点。二维数组矩阵共 17 列，则共可取出 17 个特征点，每个特征点的横坐标值就是其所在列的列值，而纵坐标值（行值）就是将通过算法求出的。若取中间点为特征点，具体做法是，采用二值化的方式逐列检测图像数据，判断出每列中颜色信息为黑色的像素点，取每列中这些像素点纵坐标值大小排于最中间的那点为该列的特征点，记录下该特征点的纵坐标值。若取边缘点为特征点，逐列检测图像数据以找出每列的边缘点，记录下该边缘点的纵坐标值。

同样，智能小车在画有黑线的白纸"路面"上行驶，由于黑线和白纸对光线的反射系数不同，也可根据接收到的反射光的强弱来判断"道路"——黑线。即比较普遍的检测方法——红外探测法。利用红外线在不同颜色的物理表面具有不同的反射性质的特点。在小车行驶过程中不断地向地面发射红外光，当红外光遇到白色地面时发生漫发射，反射光被装在小车上的接收管接收；如果遇到黑线则红外光被吸收，则小车上的接收管接收不到信号。这也是红外避障系统的另一个应用，在此不再赘述。

8.4.7 控制方法

自主循迹机器人的控制算法部分主要需解决如下问题：车辆直线行驶的稳定性问题，车辆转弯控制问题，车辆行驶速度与转向角度大小的相关性问题，行驶轨迹的跟踪及预测问题等。通常采用目前自动控制领域中最常用的 PID 控制算法进行车辆进行控制。

PID 控制算法包括直接计算法和增量算法，所谓的增量算法就是相对于标准的相邻两次运算之差，得到的结果是增量。也就是说在上一次的控制量的基础上需要增加（负值意味着减少）控制量，例如对于自主循迹机器人控制算法，就是自主循迹机器人相对于上一次转向角度还需要增加或减少的转向角度。在设计中可以采用 PID 直接计算法。

PID 算法中常用概念解释如下。

(1) 基本偏差 $e(t)$

表示当前测量值与设定目标间的差，设定目标是被减数，结果可以是正或负，正数表示还没有达到，负数表示已经超过了设定值。这是面向比例项用的变动数据。

(2) 累计偏差

$$\sum e(t) = e(t) + e(t-1) + e(t-2) + \cdots + e(1) \tag{8-1}$$

表示每一次测量到的偏差值的总和，这是代数和，是面向积分项用的一个变动数据。

(3) 基本偏差的相对偏差:$e(t) - e(t-1)$

表示用本次的基本偏差减去上一次的基本偏差，用于考察当前控制对象的趋势，作为快速反应的重要依据，这是面向微分项的一个变动数据。

(4) 三个基本参数:K_p, K_i, K_d

这三个参数是做好控制器的关键常数，分别称为比例常数、积分常数和微分常数，不同的控制对象需要选择不同的数值，还需要经过现场调试才能获得较好的效果。

(5) 标准的直接计算法公式

$$Pout(t) = K_p e(t) + K_i \sum e(t) + K_d [e(t) - e(t-1)] \tag{8-2}$$

其中，三个基本参数 K_p、K_i、K_d 在实际控制中的作用如下。

① 比例调节作用：是按比例反映系统的偏差，系统一旦出现了偏差，比例调节立即产生调节作用用以减少偏差。比例作用大，可以加快调节，减少误差，但是过大的比例，使系统的稳定性下降，甚至造成系统的不稳定。

② 积分调节作用：是使系统消除稳态误差，提高无差度。因为有误差，积分调节就进行直至无差，积分调节停止，积分调节输出一常值。积分作用的强弱取决于积分时间常数 T_i，T_i 越小，积分作用就越强。反之 T_i 越大则积分作用越弱，加入积分调节可使系统稳定性下降，动态相应变慢。积分作用常与另两种调节规律结合，组成 PI 调节器或 PID 调节器。

③ 微分调节作用：微分作用反映系统偏差信号的变化率，具有预见性，能预见偏差变化的趋势，因此能产生超前的控制作用，在偏差还没有形成之前，以被微分调节作用消除。因此，可以改善系统的动态性能。在微分时间选择合适情况下，可以减少超调，减少调节时间。微分作用对于噪声干扰有放大作用，因此过强的加微分调节，对系统抗干扰不利。此外，微分反映的是变化率，而当输入没有变化时，微分作用输出为零。微分作用不能单独使用，需要与另外两种调节规律相结合，组成 PD 或 PID 控制器。

控制方法如下：

① 舵机控制。其位置控制模块的工作原理如图 8-27 所示。

舵机控制模块中，积分常数 K_i，PID 控制算法称为 PD 控制算法。K_p，K_d 参数的确定经过实验，舵机可以准确响应为好。

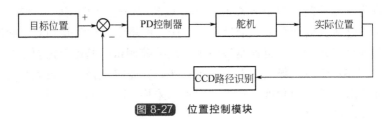

图 8-27   位置控制模块

② 电机控制。其速度控制模块的工作原理如图 8-28 所示。

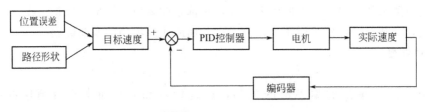

图 8-28   速度控制模块

经过实验可以测定 K_p、K_i、K_d 的参数，使电机获得较快且平稳的速度响应。

参 考 文 献

[1] 蔡自兴. 机器人学 [M]. 北京：清华大学出版社，2009.

[2] 郭彤颖等. 机器人学及其智能控制 [M]. 北京：清华大学出版社，2014.

[3] 谭民等. 先进机器人控制 [M]. 北京：高等教育出版社，2007.

[4] 张毅等. 移动机器人技术及其应用 [M]. 北京：电子工业出版社，2007.

[5] 王耀南. 机器人智能控制工程 [M]. 北京：科学出版社，2004.

[6] 孙迪生，王炎. 机器人控制技术 [M]. 北京：机械工业出版社，1998.

[7] 朱世强. 机器人技术及其应用 [M]. 杭州：浙江大学出版社，2000.

[8] 郭洪红. 工业机器人技术 [M]. 西安：西安电子科技大学出版社，2006.

[9] 日本机器人学会. 新版机器人技术手册 [M]. 宗光华等译. 北京：科学出版社，2008.

[10] 傅京逊. 机器人学 [M]. 北京：科学出版社，1989.

[11] 熊有伦. 机器人学 [M]. 武汉：华中理工大学出版社，1996.

[12] ［日］大熊繁. 机器人控制 [M]. 北京：科学出版社，2002.

[13] ［日］白井良明. 机器人工程 [M]. 北京：科学出版社，2001.

[14] 高国富. 机器人传感器及其应用 [M]. 北京：化学工业出版社，2004.

[15] 柳洪义，宋伟刚. 机器人技术基础 [M]. 北京：冶金工业出版社，2002.

[16] ［美］Saeed B. Niku. 机器人学导论 [M]. 孙富春译. 北京：电子工业出版社，2004.

[17] ［美］John J. Craig. 机器人学导论 [M]. 北京：机械工业出版社，2005.

[18] Thomas R. Kurfess. Robotics and Automation Handbook. CRC Press，2005.

[19] 马香峰，余达太. 工业机器人的操作机设计 [M]. 北京：冶金工业出版社，1996.

[20] 殷际英. 关节型机器人 [M]. 北京：化学工业出版社，2003.

[21] 蒋新松. 机器人与工业自动化 [M]. 石家庄：河北教育出版社，2003.

[22] 陈哲，吉熙章. 机器人技术基础 [M]. 北京：机械工业出版社，1997.

[23] 吴振彪. 工业机器人 [M]. 武汉：华中理工大学出版社，1997.

[24] 余达太，马香峰. 工业机器人应用工程 [M]. 北京：冶金工业出版社，1999.

[25] 诸静. 机器人与控制技术 [M]. 杭州：浙江大学出版社，1991.

[26] 杨汝清等. 智能控制工程 [M]. 上海：上海交通大学出版社，2000.

[27] 肖南峰. 工业机器人 [M]. 北京：机械工业出版社，2011.

[28] 陈黄祥. 智能机器人 [M]. 北京：化学工业出版社，2012.

[29] 隋金雪，杨莉，张岩. "飞思卡尔" 杯智能汽车设计与实例教程 [M]. 北京：电子工业出版社，2013.

[30] 蔡述庭. "飞思卡尔" 杯智能汽车竞赛设计与实践——基于 S12XS 和 Kinentis K10 [M]. 北京：北京航空航天大学
出版社，2012.

[31] 卓晴，黄开胜，邵贝贝等. 学做智能车——挑战 "飞思卡尔" 杯 [M]. 北京：北京航空航天大学出版社，2007.

[32] 孙春艳，曲道奎. 机器人代替人工是产业升级方向 [J]. 中外管理，2014 (02)：104.

[33] 徐方，邹凤山，郑春晖. 新松机器人产业发展及应用 [J]. 机器人技术及应用，2011 (9).

[34] 林仕高. 搬运机器人笛卡儿空间轨迹规划研究 [D]. 广州：华南理工大学，2013.

[35] 赵伟. 基于激光跟踪测量的机器人定位精度提高技术研究 [D]. 杭州：浙江大学，2013.

[36] 王曙光. 移动机器人原理与设计「M]. 北京：人民邮电出版社，2013.

[37] 董欣胜. 装配机器人的现状与发展趋势，组合机床与自动化加工技术，2007. 8.

[38] 杨洗陈，激光加工机器人技术及工业应用，中国激光，2009. 11.

[39] Zhang L，Ke W，Ye Q, et al. A novel laser vision sensor for weld line, detection on wall-climbing robot [J]. Op-
tics and Laser Technology，2014，60：69-79.

[40] Luo R C，Lai C C. Multisensor fusion-based concurrent environment Mapping and moving object detection for intelli-
gent service robotics [J]. IEEE Transactions ON Industrial Electronics. 2014，61 (8)：4043-4051.

[41] Blazic S. On periodic control laws for mobile robots [J]. IEEE Transactions on Industrial Electronics，2014，61
(7)：3660-3670.

［42］ Xu J, Guo Z, Lee T H. Design and implementation of integral sliding-mode control on an underactuated two-wheeled mobile robot ［J］. IEEE Transactions on Industrial Electronicso, 2014, 61 (7): 3671-3681.

［43］ Lee J, Chang P H, Jr. Jamisola R S. Relative impedance control for dual-arm robots performing asymmetric bimanual tasks ［J］. IEEE Transactions on Industrial Electronics, 2014, 61 (7): 3786-3796.

［44］ Dinham M, Fang G. Detection of fillet weld joints using an adaptive line growing algorithm for robotic arc welding ［J］. Robotics and Computer-Integrated Manufacturing, 2014, 30 (3): 229-243.

［45］ Asif M, Khan M J, Cai N. Adaptive sliding mode dynamic controller with integrator in the loop for nonholonomic wheeled mobile robot trajectory tracking ［J］. International Journal of Control, 2014, 87 (5): 964-975.

［46］ Mao Y, Zhang H. Exponential stability and robust H-infinity control of a class of discrete-time switched non-linear systems with time-varying delays via T-S fuzzy model ［J］. International Journal of Systems Science, 2014, 45 (5): 1112-1127.